SKZ – Das Kunststoff-Zentrum (Herausgeber)

Modifizierung von styrolbasierten TPE mit Kurzfasern

1. Auflage

SKZ – Forschung und Entwicklung

SKZ – Das Kunststoff-Zentrum (Hrsg.)

Modifizierung von styrolbasierten TPE mit Kurzfasern

Shaker Verlag
Düren 2022

Bibliografische Information der Deutschen Nationalbibliothek
Die Deutsche Nationalbibliothek verzeichnet diese Publikation in der Deutschen Nationalbibliografie; detaillierte bibliografische Daten sind im Internet über http://dnb.d-nb.de abrufbar.

Die Autoren:

Dr.-Ing. Michael Bosse
Dr. Axel Nechwatal*
Dr.-Ing. Frédéric Achereiner
Dr. rer. nat. Thomas Hochrein
Prof. Dr.-Ing. Martin Bastian

(* TITK Rudolstadt)

Copyright Shaker Verlag 2022
Alle Rechte, auch das des auszugsweisen Nachdruckes, der auszugsweisen oder vollständigen Wiedergabe, der Speicherung in Datenverarbeitungs- anlagen und der Übersetzung, vorbehalten.

Printed in Germany.

ISBN 978-3-8440-8572-3
ISSN 2364-754X

Shaker Verlag GmbH • Am Langen Graben 15a • 52353 Düren
Telefon: 02421 / 99 0 11 - 0 • Telefax: 02421 / 99 0 11 - 9
Internet: www.shaker.de • E-Mail: info@shaker.de

Danksagung

Das Vorhaben 20837 BG der Forschungsvereinigung FSKZ e. V. wurde über die Arbeitsgemeinschaft industrieller Forschungsvereinigungen e. V. (AiF) im Rahmen des Programms zur Förderung der Industriellen Gemeinschaftsforschung (IGF) vom Bundesministerium für Wirtschaft und Klimaschutz (BMWK) aufgrund eines Beschlusses des Deutschen Bundestages gefördert.

Gefördert durch:

aufgrund eines Beschlusses
des Deutschen Bundestages

Die Forschungseinrichtungen SKZ und TITK danken dem BMWK und der AiF für die Förderung sowie der Forschungsvereinigung und den Mitgliedern des projektbegleitenden Ausschusses für die Unterstützung bei der Durchführung des Forschungsvorhabens.

Kurzfassung

Der entscheidende technologische Vorteil von thermoplastischen Elastomeren (TPE) gegenüber vernetzten Elastomeren besteht darin, dass TPE entropieelastische Eigenschaften aufweisen, aber nicht chemisch vernetzt sind. TPE können immer wieder thermoplastisch umgeformt und einfach werkstofflich recycelt werden. Aus dem chemischen Aufbau resultiert auch, dass sie thermisch und dynamisch weniger belastbar sind als „klassische" Gummierzeugnisse. Vor allem weisen sie eine hohe bleibende Verformung unter Last sowie eine deutlich höhere Kriechneigung bei langanhaltender oder dynamischer Beanspruchung auf.

Im vorliegenden Projekt wurde thermoplastisches Styrol-Elastomer (TPS) mit dem Ziel modifiziert, dass es sich im Rückstellverhalten und der dynamischen Belastbarkeit deutlich von konventionellen TPE abheben sollte. Der Ansatz dafür war die Zugabe von kurzen Fasern und kompatibilisierenden Additiven. Durch eine solche Modifizierung konnten in Voruntersuchungen mit vernetzten Elastomeren erhebliche Veränderungen im viskosen, mechanischen und thermischen Verhalten erzielt werden. Um die vielversprechenden Vorteile der Fasermodifizierung auch für TPE auszunutzen, wurden im Projekt technisch umsetzbare Lösungen gefunden, textilen Kurzschnitt gleichmäßig zu verteilen und die Fasern zu vereinzeln. Zudem wurde die Haftung zwischen der textilen Faser und der TPE-Matrix optimiert.

Zur Erreichung der genannten Projektziele wurden umfangreiche Verarbeitungs-, Formulierungs- und Prüfarbeiten durchgeführt, wissenschaftlich-technisch ausgewertet und im vorliegenden Bericht dargestellt. Ein statistischer Versuchsplan für die Zweischneckenextrusion wurde erstellt, bearbeitet und ausgewertet. Es wurden Rezepturen und Verfahrensparameter erarbeitet und dargestellt, welche die aussichtsreiche Herstellung und Industrialisierung eines mit 2 Gewichtsprozent PES-fasermodifizierten TPS der Härte 60 Shore-A erlauben und bietet deutliche Vorteile beim Druckverformungsrest unter hohen Temperaturen. Dieses Compound erweist sich zudem unter Temperatur und Last als mechanisch widerstandsfähiger und kann gleichzeitig alle technisch geforderten Eigenschaften der Flexibilität, Dynamik und Härte erfüllen.

Abstract

The decisive technological advantage of thermoplastic elastomers (TPE) over crosslinked elastomers is that TPEs have entropy-elastic properties, but are not chemically crosslinked. TPEs can be thermoplastically formed again and recycled. But this chemical structure also means that they are less thermally and dynamically resilient than "classic" rubber products. Above all, they exhibit a relatively high permanent deformation under load and a higher tendency to creep under prolonged or dynamic stress.

In the present project, thermoplastic styrene elastomer (TPS) was modified with the aim that it should differ significantly from conventional TPEs in terms of recovery behavior and dynamic load capacity. The approach for this was the addition of short fibers and compatibilizing additives. Such modification resulted in remarkable changes in viscous, mechanical and thermal behavior in preliminary tests with crosslinked elastomers. To exploit the promising advantages of fiber modification also for TPE, technically feasible solutions were found in the project to distribute textile short cut evenly and to separate the fibers. In addition, the adhesion between the textile fiber and the TPE matrix was optimized.

To achieve the above-mentioned project objectives, extensive processing, formulation and testing work was carried out, scientifically and technically evaluated and presented in this report. A statistical test plan for twin-screw extrusion was prepared, processed and evaluated. Formulations and process parameters were worked out and presented, which allow the promising production and industrialization of a TPS of hardness 60 Shore-A modified with 2 wt. % PES fiber, which shows clear advantages in compression set under high temperatures. This compound also proves to be mechanically more resistant under temperature and load, while being able to meet all the technically required properties of flexibility, dynamics and hardness.

Inhaltsverzeichnis

1	**Projektsteckbrief**	**3**
2	**Einleitung**	**5**
	Anlass für das Forschungsvorhaben	5
	Problemstellung	5
	Zielsetzung	6
3	**Stand der Technik**	**6**
	Thermoplastische Elastomere	6
	Additive und Hilfsstoffe	10
	Rezepturanteile	11
	Faserwerkstoffe	12
	Faserverstärkungen und Einfluss der Additive	14
	Allgemeine Charakterisierung gummielastischer Werkstoffe	18
	Mathematische Werkstoffmodelle	20
	Spezifische Prüfungen und Bedingungen	21
	Zeitabhängiges Verhalten	22
	Effekte von Kurzfasern in vernetzten Elastomeren	25
4	**Durchgeführte Arbeiten**	**29**
4.1	AP1: Voruntersuchungen Materialien und Compoundierverfahren	29
4.2	AP 2: Integration von kommerziellem Kurzschnitt	31
4.3	AP 3: Integration speziell aufbereiteter Kurzschnitte	31
4.4	AP 4: Einarbeitung von Fasergranulat	32
4.5	AP 5: Betrachtungen zu Haftvermittlern	32
4.6	AP 6: Untersuchungen an Dip-Cord	32
4.7	AP 7: Abstimmung der Basis-Rezepturen auf die Faser	33
4.8	AP 8: Zusammenhang zwischen Rezeptur und Faser-Effekt	33
4.9	AP 9. Thermische und dynamische Beständigkeit	34
4.10	AP 10. Upscaling und Herstellung von Demonstratoren	34
5	**Darstellung und Diskussion der Ergebnisse**	**35**
5.1	AP 1 Voruntersuchungen Materialien und Compoundierverfahren	35
5.1.1	Allgemeines	35
5.1.2	Nullcompoundierung	35
5.1.3	Materialcharakterisierung der Matrices	36
5.2	AP 2: Integration von kommerziellem Kurzschnitt	44
5.2.1	Allgemeines	44
5.2.2	Screening der Compoundherstellung am Zweischneckenextruder	44
5.2.3	Folien-Direktcompoundierung und Haftvermittler (AP 5)	49

5.2.4 Textile Verstärkung durch Ummantelung von Filamentgarn 65

5.3 AP 3: Integration speziell aufbereiteter Kurzschnitte und AP 4: Einarbeitung von Fasergranulat 69

5.3.1 Dosierung von speziellen Natur- und Synthesefasern 69

5.3.2 Verwendung von Langfasergranulat 73

5.4 AP 7: Abstimmung der Basis-Rezepturen auf die Faser 86

5.5 AP 8: Zusammenhang zwischen Rezeptur und Faser-Effekt 88

5.5.1 Darstellung der einzelnen Bestimmtheitsmaße 88

5.5.2 Parametereinfluss 89

5.5.3 Versuchsreihenkennwerte und Identifikation von Beispielen 90

5.5.4 Plausibilitätsprüfung und Einbeziehung weiterer Parameter 93

5.5.5 Korrelationen auf die TSSR-Ergebnisse 94

6 Fazit **102**

7 Literaturverzeichnis **104**

8 Anhang **111**

9 Stichwortverzeichnis **120**

1 Projektsteckbrief

Im vorliegenden Forschungsvorhaben wurde anwendungsorientiert untersucht, wie spezielle thermoplastische Elastomere durch die Zugabe von geringen Mengen nichtstarrer Fasern so modifiziert werden können, dass sie sich im Rückstellverhalten nach Belastung unter Temperatur und der dynamischen Belastbarkeit deutlich von konventionellen TPE abheben. Durch eine solche Modifizierung konnten in Voruntersuchungen mit vernetzten Elastomeren erhebliche Veränderungen im viskosen, mechanischen und thermischen Verhalten erzielt werden, die eine höhere mechanische und thermische Einsatzgrenze erlaubten. Um diese Vorteile auch für TPE auszunutzen, wurden im vorliegenden Projekt bei spezifischen Compoundierbetrieben ohne große Hürden technisch umsetzbare Lösungen erarbeitet, textilen Kurzschnitt gleichmäßig mittels Zweischneckencompoundierung zu verteilen und die Fasern in der thermoplastischen Matrix zu vereinzeln. Zudem wurde die Haftung zwischen der textilen Faser und der TPE-Matrix durch den Einsatz von Additiven untersucht.

Es wurden Verarbeitungs-, Formulierungs- und Prüfarbeiten durchgeführt und wissenschaftlich-technisch ausgewertet. Ein statistischer Versuchsplan für die gezielte Auswahl und die Bewertung der statistischen Zusammenhänge zwischen Rezeptur und Materialverhalten wurde erstellt, bearbeitet und ausgewertet.

Als Ergebnis konnte neben der Darstellung wissenschaftlicher und anwendungstechnischer Grundlagen eine TPS-Beispielrezeptur mit 2 Gewichtsprozent PES Fasern verifiziert werden, die deutliche Vorteile beim Druckverformungsrest unter hohen Temperaturen aufweist. Dieses Compound erweist sich zudem unter Temperatur und Last als mechanisch widerstandsfähiger und kann gleichzeitig alle technisch geforderten Eigenschaften an Flexibilität, Dynamik und Härte erfüllen, welche auf Kosten einer Modifizierung nicht verändert werden durften.

„Das Ziel des Forschungsvorhabens wurde erreicht"

IGF-Vorhaben Nr. 20837 BG
„Modifizierung von styrolbasierten TPE mit Kurzfasern"
Dauer: 01.10.2019 – 30.09.2021

Wir danken dem projektbegleitenden Ausschuss für die Unterstützung bei der erfolgreichen Durchführung:

- Achatz & Grauel GmbH
- Allod Werkstoff GmbH & Co. KG
- Brabender Messtechnik GmbH & Co. KG
- Brabender Technologie GmbH & Co. KG
- Coperion GmbH
- Cordenka GmbH & Co. KG
- Dämpferklinik Tübingen
- Gummi- und Kunststofftechnik Fürstenwalde GmbH
- Kraiburg TPE GmbH & Co. KG
- Opti Polymers GmbH
- Rottolin-Werk Julius Rotter & Co. KG
- SCHWARZWÄLDER TEXTIL-WERKE (STW) Heinrich Kautzmann GmbH

2 Einleitung

Anlass für das Forschungsvorhaben

Ein wichtiger technologischer Vorteil von thermoplastischen Elastomeren (TPE) gegenüber vernetzten Elastomeren besteht darin, dass TPE entropieelastische Eigenschaften aufweisen und dabei nicht chemisch vernetzt sind. TPE können mehrmals über die Schmelze urgeformt werden und nutzen die kosten- und energieeffizienten Verarbeitungsverfahren wie das Mehrkomponenten-Thermoplastspritzgießen oder das Extrudieren. Die Materialien sind vollständig werkstofflich wiederverwertbar und haben in den letzten Jahrzehnten Einzug in unterschiedlichste Anwendungen, zum Beispiel in der Dämpfungs- und Dichtungstechnik, gehalten.

Spezifische Nachteile der TPE ergeben sich aus ihrem gleichzeitig größten Vorteil, nämlich ihrer thermoplastischen Natur: Sie sind thermisch und auch dynamisch geringer belastbar als „klassische" Gummierzeugnisse. Vor allem weisen sie eine hohe bleibende Verformung unter Druck (gemessen am sog. „Druckverformungsrest", DVR) sowie eine höhere Kriechneigung bei langanhaltender oder dynamischer Belastung auf.

Lösungen zu diesem Problem – vorzugsweise solche, welche die ganze Vielfalt der TPE-Werkstoffe abbilden – würden es ermöglichen, sowohl bereits bestehende TPE-Produktgruppen werkstofflich „aufzuwerten" als auch in Marktsegmente vorzudringen, die bisher vernetzten Elastomeren vorbehalten waren. Hierzu wurde die Modifizierung mit wenigen, kurzen Fasern untersucht.

Problemstellung

TPE-Produkte sind aufgrund ihrer Zusammensetzung thermisch und dynamisch geringer belastbar als „klassische" Gummierzeugnisse. Vor allem weisen sie eine hohe bleibende Verformung unter Druck und bei erhöhter Temperatur sowie eine im Vergleich zu Elastomeren deutlich erhöhte Kriechneigung bei langanhaltender oder dynamischer Belastung auf. Dennoch soll ihr Einsatz durch die genannten energetischen- und Recyclingvorteile in zahlreichen Anwendungen erhöht werden.

Auch ihre werkstoffliche Beschreibung als „Thermoplastische Elastomere" trägt bei Konstrukteur:innen dazu bei, als Grundeigenschaft die eines Elastomers anzunehmen. Tatsächlich handelt es sich materialtechnisch eher um „hoch entropieelastische Thermoplaste".

Es galt, die gewünschten Anforderungen durch eine geeignete Modifizierung mit passenden Verstärkungsfasern in der Matrix zu erreichen. Hierfür waren alle in der Kunststofftechnik bekannten Schritte der Materialentwicklung, ihrer Herstellung, der Verarbeitung und der Prüfung notwendig.

Zielsetzung

Um bestehende TPE-Produktgruppen in der beschriebenen Weise werkstofflich „aufzuwerten" oder in andere, bisher dem Gummi vorbehaltene, Marktsegmente vorzudringen, sollten sie durch den Einsatz von Kurzfasern zielgerichtet modifiziert werden. Ziel war, das Rückstellverhalten, die Dauereinsatztemperatur und die dynamische Belastbarkeit deutlich über das spezifische Niveau konventioneller TPE zu erhöhen. Die entropieelastischen Eigenschaften, das dynamische Verhalten sowie die hohe Bruchdehnung sollten jedoch erhalten bleiben, ebenso wie die Werkstoffhärte und -dichte. Beispielhaft wurde dies durchgeführt an einem thermoplastischen Styrol-Elastomer (TPS), das als Blend-Werkstoff relativ einfach durch die in den Forschungseinrichtungen zur Verfügung stehenden Schneckenmaschinen für die Thermoplastverarbeitung modifiziert werden konnte.

3 Stand der Technik

Thermoplastische Elastomere

Die Stellung der thermoplastischen Elastomere innerhalb der Materialgruppe der synthetischen Polymere wird in Literatur und Technik unterschiedlich definiert. In ihrer grundsätzlichen polymerchemischen Beschreibung werden sie als eine Kombination von schmelzbaren (rein thermoplastischen) und elastischen (weichen und/oder chemisch weitmaschig vernetzten) Bereichen unterschiedlicher Polymere dargestellt. Werkstofflich, bzw. in der technischen Anwendung, stehen sie zwischen den Gruppen der Thermoplaste und Elastomere. Die elastischen Domänen finden sich entweder im Makromolekül selbst (also die Polymerchemie betreffend), entstehen durch eine Mischung (also physikalisch erzeugt) oder sind Teil von beiden Ansätzen [ZYSK1992].

Im Vergleich zu den Thermoplasten und den Elastomeren ist der Einsatzbereich der TPE über die Einsatztemperatur bzw. ihren thermodynamischen Zustand eher schmal. Eine generelle werkstofflich / thermodynamische Einordnung findet sich in Abbildung 1.

Je nach Polymertyp ist dort der technische Einsatzbereich in Abhängigkeit der spezifischen Temperaturen gekennzeichnet. Die vernetzten Polymere zeichnen sich dadurch aus, dass sie nicht in die Schmelze übergehen können, also bis zu ihrer thermischen Zersetzung eine theoretische stoffliche Festigkeit behalten. Thermoplaste tun dies nicht.

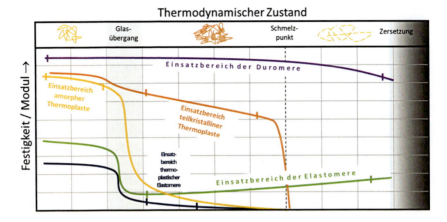

Abbildung 1: Generelle Gegenüberstellung von Festigkeit, Modul und Einsatzbereich der Polymere, abhängig vom thermodynamischen Zustand

Für ein technisch geeignetes Verständnis kann der Name irreführend sein: Wenn „Elastomer" als Bezeichnung für chemisch weitmaschig vernetzte, hoch flexible und entropieelastische Werkstoffe verwendet wird, können diese nicht auch „Thermoplaste" sein. Die Bezeichnung *Elastische Thermoplaste* wäre daher treffender. Sie würde auch z.B. PVC-Systeme mit Weichmacher, hoch schlagzäh-modifizierte teilkristalline Thermoplaste wie ABS oder mit Elastomersystemen funktionalisierte Polyamide umfassen. Missverständnissen beim Einsatz durch die Annahme, es handele sich um ein „echtes Elastomer", könnte damit vorgebeugt werden. Die Vorstellung, dass TPE-Materialien „hoch gefüllte Thermoplaste" mit entropieelastischen Eigenschaften sind, erleichtert das Grundverständnis für diese Werkstoffklasse zusätzlich.

Die thermoplastischen Elastomere sind bezüglich Nomenklatur und Kurzzeichen in der EN ISO 18064:2014 festgelegt. Sie unterteilen sich gestehungsbedingt in die Untergruppen „Copolymere" und „Blends". Die werkstofflichen Eigenschaften der Copolymere werden bei der Polymersynthese festgelegt und bedienen mit zahlreichen Typen einen großen Anwendungsmarkt mit einer übersichtlichen Zahl von Produzenten.

Die Eigenschaften der Blends hingegen sind hauptsächlich rezepturabhängig. Sie basieren zwar auf der Verwendung von Copolymeren, jedoch werden diese in spezifischen Rezepturen verwendet, welche die übergeordneten Materialeigenschaften festlegen. Die Bandbreite ihrer Eigenschaften ist damit größer und verfahrenstechnisch leichter zu beeinflussen. Durch eine deutlich größere Anzahl von Herstellern / Compoundeuren bedient dieser Markt auch anwendungsspezifische Kundenrezepturen.

Zu den Copolymeren werden gezählt:

- TPA   Thermoplastische Polyamidelastomere
- TPU   Thermoplastische Elastomere auf Urethanbasis
- TPC   Thermoplastische Copolyesterelastomere

Zu den Blends werden gezählt:
- TPO   Thermoplastische Elastomere auf Olefinbasis, vorwiegend PP/EPDM
- TPS   Thermoplastische Elastomere auf Basis Polyolefinen, Weichmachern und Styrol-Blockcopolymeren (SBS, SEBS, SEPS, etc.)
- TPV   Thermoplastische Vulkanisate oder vernetzte thermoplastische Elastomere auf Olefinbasis, vorwiegend PP mit fein verteiltem EPDM-Kautschuk

Die Gruppe der TPS wird in Veröffentlichungen auch als „Copolymer" bezeichnet; die Verwendung dieses Begriffs ist jedoch nicht korrekt.

Die zu ergänzende Gruppe der „TPZ" umfasst darüber hinaus die nicht klassifizierten thermoplastischen Elastomere anderer Zusammensetzung oder Struktur als die bereits Genannten. Hierzu gehören auch die vom Hersteller KRAIBURG als Markenzeichen platzierten „TEH", die sog. „thermoplastischen Elastomer-Hybride", hauptsächlich gedacht für den technischen Einsatzbereich, u.a. „automotive / under the hood" [KRAIBURG2018]. Mit den „TEH" dringt der Hersteller in einen Bereich vor, der von vielen Anwendern mehr und mehr gefordert wird: Thermoplastische Elastomere sollen die Vorteile ihrer Verarbeitung (Spritzgießen, Extrudieren, Thermoformen) und ihres werkstofflichen Aufbaus (keine Vernetzungschemikalien, freie Einfärbbarkeit, Wiederverwendbarkeit, etc.) möglichst mit jenen Vorteilen verbinden, die von den klassischen Elastomeren bekannt sind (geringe bleibende Verformung, hohe Temperaturbeständigkeit, geringe Kriechneigung).

Eine Einteilung bezüglich der allgemeinen Leistungsfähigkeit in Bezug auf Temperaturbeständigkeit, Druckverformungsrest oder chemischer Beständigkeit (insbesondere der Ölbeständigkeit), gegenüber der Einsatztemperatur und den Materialkosten wurde von GRADY vorgestellt (siehe Abbildung 2). In der Darstellung wird das TPS in zwei unterschiedlich leistungsfähige Copolymere des Blends aufgeteilt: das preislich niedrigere SBS (Styrol-Butadien-Styrol Copolymer) und das hochwertigere SEBS (Styrol-Ethylen-Butylen-Styrol Copolymer). Insbesondere die Dauereinsatztemperatur ist ein wesentlicher Faktor, welcher die Verwendbarkeit von TPE kennzeichnet. Hierbei geeignete Polymere in den Rezepturen auszuwählen, wirkt sich vor allem auf die Rohstoffkosten aus.

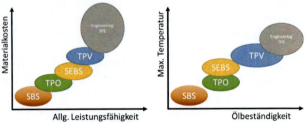

Abbildung 2: Generelle Einordnung unterschiedlicher TPE bzgl. Leistungsfähigkeit, Einsatztemperatur und Kosten [GRADY2013]

Thermoplastisches Styrol-Elastomer (TPS)

Das vorliegende Projekt beschäftigte sich ausschließlich mit den thermoplastischen Elastomeren auf Styrolbasis „TPS" (veraltet auch „TPE-S"). Durch seine vielfältigen Einsatzmöglichkeiten, seine hohe chemische und Witterungsbeständigkeit und seine relativ niedrigen Kosten wird die heutige und zukünftige Marktdurchdringung von TPS unter allen anderen TPE aktuell als am höchsten bewertet (siehe Abbildung 3).

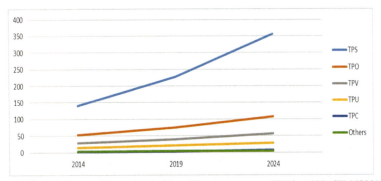

Abbildung 3: Prognostizierte globale Jahres-Einsatzmengen von TPE in 1.000 t [ELLIS2019]

TPS basiert auf der Verwendung von sog. Triblockcopolymeren, welche durch ihren Aufbau die elastischen Grundeigenschaften bereitstellen. Die Triblockcopolymere stellen drei chemisch abzugrenzende, aber fest miteinander verbundene Bereiche dar. Ein elastisches Kettensegment wird von zwei harten Segmenten umschlossen. Die einzelnen Segmente bestehen dabei aus einer größeren Anzahl von Monomerbausteinen. Die als „hart" zu definierende Styrol-Einheiten wird mit (S) gekennzeichnet. Polybutadien (B), Polyethylenbutylen (EB) oder Polyisopren (I) sind die „weichen" Bestandteile. Je nach Art der Bestandteile ergeben sich daraus die SBS, SEBS oder SIS-Materialien.

Styrol (S) liegt hierbei üblicherweise mit einem Polymerisationsgrad zwischen 200 und 500 Wiederholungseinheiten vor, die Mittelblöcke aus Polybutadien (B), Polyethylenbutylen (EB) und Polyisopren (I) liegen meist bei 700 bis 1.500. Styrol und Mittelblock weisen keinerlei Löslichkeit ineinander auf.

„Die Styrolsegmente aggregieren aufgrund der thermodynamischen Unverträglichkeit des Styrols und des Mittelblocks zu kristallinen Domänen und bilden die physikalischen Vernetzungsstellen, die erst bei hohen Temperaturen erweichen. Diese Bereiche werden durch die elastischen Mittelblöcke verbunden, so dass sich ein schematischer Aufbau (wie in Abbildung 4 schematisch dargestellt) ergeben kann." [METTEN2002]

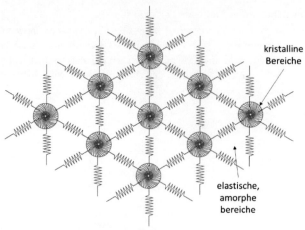

Abbildung 4: Schematische Darstellung eines SBS-Blockcopolymer

TPS wird üblicherweise aus einer auf die Erfordernisse angepassten Rezeptur aus S[E]BS, je nach Bedarf einem Füllstoff wie Kreide ($CaCO_3$), Polypropylen, Prozessöl (Paraffin) und Stabilisatoren mittels eines Zweischneckencompounders hergestellt [REINCKE2009].

Nicht nur die Rezeptur, sondern auch die spezifischen Eigenschaften der einzelnen Rohstoffe beeinflussen die Parameter und die Leistungsfähigkeit des Materials in hohem Maße. In der Veröffentlichung von REINCKE konnte unter anderem ein deutlicher Einfluss der Art des Prozessöls (bei gleichem Anteil in der Rezeptur) auf den Druckverformungsrest nachgewiesen werden. Ähnliche Effekte sind von allen anderen Rohstoffen wie auch vom Herstellprozess zu erwarten.

Additive und Hilfsstoffe

Während Kunststoffmatrix und der hier im Projekt betrachtete Verstärkungsstoff (Faser) die hauptsächlichen strukturellen Aufgaben im Compound übernehmen, sind Additive und Hilfsstoffe, die im Zusammenhang „fasermodifizierte TPE" verwendet werden, in geringen Mengen für spezielle Funktionen zuständig. Diese sind:

- Anbindung der Fasern an die Matrix durch oberflächenwirksame Additive
- Stabilisierung der Mischung gegenüber den Anforderungen beim Gebrauch
- Stabilisierung der Mischung gegenüber den Anforderungen bei der Verarbeitung

Die Güte der generellen Anbindung zwischen Faser und Matrix lässt sich mittels einer einfachen, zerstörenden Werkstoffprüfung analysieren: Eine mikroskopische Betrachtung der Bruchfläche von Kurz- oder Langfasermaterialien zeigt an, welcher Anteil an Fasern gebrochen und welcher aus dem umgebenden Material herausgezogen wurde. Unidirektional verstärkte Bauteile werden anhand einer Auszugskraft-Prüfung über eine definierte Länge bewertet und freigeprüft.

Rezepturanteile

Eine zusätzliche Herausforderung im Rahmen dieses Projektes war, das Materialverständnis, die Qualitätsparameter, die Freigabekriterien und das generelle Leistungsspektrum fasermodifizierter TPS sowohl für die Thermoplast- wie auch für Elastomeranwender eindeutig und vollständig nachvollziehbar darzustellen. Deren unterschiedliche Denk- und Arbeitsweise sei hier besonders betont, um möglichen Missverständnissen bei der Umsetzung der Ergebnisse in kommerziellen Anwendungen vorzubeugen.

Der Ausgangspunkt zur Nachvollziehbarkeit aller Rohstoff-Eigenschaften und der erarbeiteten Struktur-Eigenschaftsbeziehungen muss die Rezeptur sein. Sie soll nicht nur die untersuchten Materialien jederzeit nachvollziehbar charakterisieren, sondern muss auch in ihrer Zusammenstellung die rein rechnerischen Unterschiede zwischen „Gewichtsprozent" und „phr" („parts per hundred rubber") berücksichtigen. Während Rezepturen für Thermoplastcompounds mit relativ wenigen Bestandteilen arbeiten (Thermoplast, Füll- oder Verstärkungsstoff, Additive und Hilfsmittel), beinhalten Elastomerrezepte (klassische „Gummi") oft mehr als 20 Stoffe (Kautschuk, Schwefel, Ruß, Füll- oder Verstärkungsstoffe, Aktivatoren, Öle, Beschleuniger, Verzögerer, Vernetzer etc.). Rezepturen in der Elastomerverarbeitung verwenden üblicherweise den Bezug auf die Menge an eingesetztem Kautschuk (R), wobei dieser zum Wert 100 normiert wird. Werden nun beispielsweise 30 phr Füllstoff (F) dazugegeben, ergibt sich das Gesamtgewicht (G) zu:

$$y\,G = 100\,R + x\,F$$

In diesem Beispiel zu: 100 Teile Kautschuk plus 30 Teile Füllstoff gleich 130 Teile Mischung.

Rezepturen in der Thermoplastverarbeitung hingegen summieren alle Stoffe auf 100 % für die Berechnung der Füllstoffanteile. Hier werden für einen 30-prozentigen Anteil 70 Teile Thermoplast (T) und 30 Teile Füllstoff (F) addiert, entsprechend:

$$100\,G = x\,T + y\,F$$

Werden Rezepturen in der Literatur beschrieben, kommt es vor, dass die Bezeichnung „Prozent" sowohl nach Ansicht der Berechnung „phr" wie nach dem Ansatz „Gesamtanteil 100 %" verwendet wird, denn der Bezug „pro Hundert" wird sprachlich gleich verwendet, beruht aber mathematisch auf zwei Wegen.

Besonders anfällig für hieraus resultierende Missverständnisse sind Rezepturen, die Werte bis 50 „Prozent" angeben, denn der mathematische Zusammenhang zwischen phr und %:

$$\text{Anteil \%} = (\text{Anteil phr} * 100) / (\text{Summe aller Bestandteile in phr})$$

ist nicht linear und geht bei kleinen Werten gegen Null. Für phr-Werte bis 80 ist dieser in Abbildung 5 dargestellt.

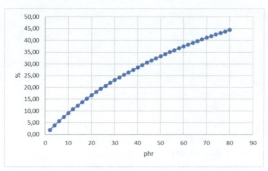

Abbildung 5: Zusammenhang zwischen phr und % bei einem Zweistoffgemisch

Analog zu den Zweistoffgemischen werden phr-Rezepturen (die praktisch immer mehr als zwei Komponenten aufweisen) wie folgt in Gesamt-Prozent umgerechnet:

Anteil % = (Anteil x phr * 100) / (Summe aller Bestandteile in phr)

Der Bezug auf 100 % der Gesamtmenge in der Thermoplastverarbeitung resultiert möglicherweise aus derjenigen Materialprüfung, die zum Großteil eingesetzt wird: Ein zu 30 % faserverstärkter Thermoplast wird in der Qualitätskontrolle einer Pyrolyse („Veraschung" bzw. „Glührückstand") unterworfen, bei dem der Anteil an Glasfasern als Rückstand übrigbleibt und innerhalb bestimmter Toleranzen (z. B. +/- 2 %) liegen muss. Somit wird das Rezept durch die Prüfmethode mitbestimmt. Werden polymere Bestandteile verwendet oder solche, die nicht als Glührückstände bestimmt werden können (z. B. Kohlefasern), versagt zwar diese Prüfmethode, dennoch wird die Rezeptur als „100 % Gesamt" aufgesetzt.

Werden in der Rezepturherstellung anstelle von gewichtsbezogenen (gravimetrischen) Dosiersystemen solche verwendet, die Volumenanteile (volumetrische) verwenden, muss eine dritte Möglichkeit der Rezeptur berücksichtigt werden: die Anteile der Volumina. Die Verknüpfung zu den gewichtsbezogenen Anteilen findet dann über die Materialdichte statt. Bei faserigen Stoffen oder Pulvern ist hierbei stets der Unterschied zwischen theoretischer Materialdichte, Schüttdichte und Klopfdichte zu berücksichtigen. Wird beispielsweise eine Schüttung aus Fasern in ein flüssiges Medium gegeben, so darf die Berechnung der Anteile nicht anhand der Faser-Schüttdichte erfolgen, sondern nur anhand der theoretischen Materialdichte.

Auch Volumenanteile an Füll-, Verstärkungs- oder funktionalen Stoffen finden sich in der Literatur.

Faserwerkstoffe

Eine (flexible) Verstärkung kann über die Aufmachung Kurzfaser, Langfaser, Gewebe / Gelege etc. und Endlosfaser erfolgen. In Abhängigkeit der Ankopplung der Fasern an die umgebende Matrix hat die Faserlänge einen entscheidenden Einfluss auf die mechanischen Eigenschaften. Am Beispiel einer haftungsoptimierten Glasfaser in

Polypropylenmatrix stellt das Unternehmen POLYCOMP[1] den generellen Unterschied der Verstärkungswirkung zwischen Lang- und Kurzfaser entsprechend Abbildung 6 vor. Diese Darstellung hat sich bei der generellen Beschreibung von Langfaser-Spritzgießgranulaten am Markt durchgesetzt.

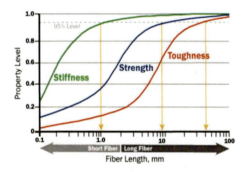

Abbildung 6: Genereller Einfluss der Länge von Verstärkungsfasern auf den Modul (Steifigkeit), die Festigkeit (Bruchkraft) und die Schlagzähigkeit (Widerstandfähigkeit)

Demnach werden „Kurzfasern" in einem Bereich von ca. < 1 mm definiert, wobei zu beachten ist, dass nicht etwa eine vereinbarte Mindestlänge der Rohfaser für die Compoundierung eines faserverstärkten Thermoplasten gilt, sondern eine wirksame Faserlänge im eingesetzten Bauteil nach allen Verarbeitungsschritten (also mindestens Compoundieren, Granulieren, Handling, Lagerung, Formgebung und ggfs. Recycling).

„Langfasern" liegen oberhalb von 1 mm wirksam im Bauteil vor. Je nach Hersteller werden Langfasergranulate in Abmessungen von bis zu 25 mm produziert. Es ist Stand der Technik, dass die Fasern nach der Compoundierung hochgradig vereinzelt und jeweils vollständig von der Matrix umgeben vorliegen. Langfasergranulate, bei denen der gesamte Faserroving ähnlich wie ein Kabel nur von einem Mantel aus Thermoplast umgeben ist, haben sich am Markt nicht durchgesetzt.

Bauteile, bei denen die Fasern durch den gesamten Bulk reichen, werden auch als „kontinuierlich verstärkt" bezeichnet. Für den direkten Einzug von Endlosfasern (sog. „Rovings"), z. B. in eine Spritzgießmaschine, sind optimierte Prozesse und eine passende Simulationssoftware ebenfalls Stand der Technik.

Undefiniert ist diese Betrachtung hinsichtlich eines festgelegten Aspektverhältnisses, was den Durchmesser der betrachteten Fasern (bei Glasfasern z. B. einige zehn Mikrometer) einschließen müsste. RÖSLER beschreibt den Unterschied zwischen Lang- und Kurzfasern auch anhand ihrer Auswirkungen auf den Verbundwerkstoff: Langfasern lägen dann vor, wenn die unmittelbar von der Faserverstärkung betroffenen mechanischen Eigenschaften eine Sättigung erreicht hätten und mit einer weiteren Erhöhung der Faserlänge nicht mehr steigen würden. Auch dies veranschaulicht Abbildung 6 [RÖSLER2008].

---

[1] www.polycomp.com (Okt. 2021)

Faserverstärkungen und Einfluss der Additive

Grundsätzlich sind die Möglichkeiten des Einsatzes von Fasern in Kunststoffen umfangreich beschrieben. RAJAK hat kürzlich in [RAJAK2019] eine umfangreiche Übersicht der aktuellen Möglichkeiten erarbeitet, bei der auch die Hybridfasern, also gemischte und funktionsgerecht platzierte, Fasern betrachtet werden.

Verbundwerkstoffe aus elastischen Polymerwerkstoffen und durchgehenden, unidirektionalen Fasern sind in unterschiedlichen Anwendungen etabliert. Dies gilt für vernetzte Elastomere ebenso wie für TPE. Wenn Mehrschichtverbunde aus Elastomerbereichen und Verstärkungsbereichen, welche durch flächige, einzeln vorliegende Kopplungsschichten miteinander verbunden sind (wie beim Autoreifen, in Fördergurten und zum Teil in Antriebsriemen) hierzu nicht gezählt werden, ist die Verbreitung der „echten Verbundwerkstoffe" jedoch auf spezielle Anwendungen beschränkt, wie z. B. im Flugzeug-, Rennwagen- und auch im Spezialmaschinenbau [HOFFMANN2011]; [KOSCHMIEDER2000]; [KRAIBON2019]:

- rekonfigurierbare Satellitenreflektoren
- biegeweiche und torsionssteife Antriebswellen
- morphing-Flügel von Sonderfluggeräten
- pneumatische Aktuatoren, Luftfedern und Hebebälge
- funktionalisierte Elastomere im Rennsport

In der Medizintechnik werden diese Verbunde als Ersatzmaterialien für Sehnen des menschlichen Körpers [GATTINGER2018] verwendet.

Charakteristische Spannungen und Dehnungen liegen mit bis zu 40 MPa und 8 % im Bereich hoch fester Elastomere (siehe Abbildung 7).

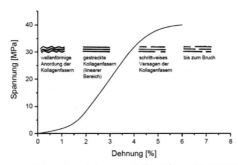

Abbildung 7: Spannungs-Dehnungsverhalten von Kollagenfasern [GATTINGER2018]

GATTINGER hat die Eigenschaften kurzfaserverstärkter TPS mit einem Fasergehalt von 10 Gew.% (entsprechen 6,65 Vol.%) untersucht. Hierzu wurde eine Kurzschnittfaser „Panox" (eine oxidierte, thermisch stabilisierte Polyacrylnitril-Faser der Firma SGL Carbon) in ein TPS (Thermolast M HTM8505/57 der Firma KRAIBURG) mittels gleichläufigem Zweischneckenextruder (Coperion ZSK 18 ML, Coperion GmbH, Stuttgart) mit Standard-Dosiertechnik (unter Vormischung und händischer Zugabe kleiner Mengen) zu einem Compound verarbeitet, spritzgegossen (Arburg Allrounder 420

Stand der Technik

C 1300-150/60, ARBURG GmbH & Co KG, Loßburg) und durch das Verfahren „Zugprüfung" (DIN EN ISO 527- 2:2012-06 2012, Probekörper Typ 1A) charakterisiert. Dabei fielen erste Ergebnisse zu Faserlängenverteilungen nach den jeweiligen Verarbeitungsschritten, zur Verteilung der Fasern in der Matrix, zum „Kräuselgrad" und „Kräuselradius" der Fasern an. Zudem liegen mikroskopische Betrachtungen der Schnittflächen sowie Zug-Dehnungs-Diagramme vor. GATTINGER konnte jedoch den gewünschten mechanischen Verstärkungseffekt unter Beibehaltung der hohen Flexibilität nicht erzielen und beobachtete stattdessen zwei Phänomene:

- einen ausgeprägten „Mullins-Effekt" (reversible als auch irreversible Veränderungen in der Polymer-Füllstoff-Matrix und der Vernetzungsstruktur, die durch die eingebrachte Last induziert werden [KGK2014]) sowie
- eine deutliche Abnahme der Entropieelastizität, gekennzeichnet durch eine auf unter 20 % zurückgehende Bruchdehnung im Zugversuch.

Bereits 1996 wurden umfangreiche Grundlagenuntersuchungen von NANDO und GUPTA zu kurzfaserverstärkten TPE vorgelegt [NANDO1996]. Betrachtet wurden die generellen Wirkungen von Kopplungsadditiven, Faser-Matrix-Haftung, Faserausrichtung, Rheologie und dem Faser-Aspektverhältnis bei Mischungen mit bis zu 50 phr Faseranteil (Aramidfaser in TPU). Die Fasereinkürzung und -verteilung durch die Verarbeitungsmethoden sowie die Brandeigenschaften wurden ebenfalls beschrieben, wobei das Ziel der Untersuchungen in der strukturellen Verstärkung von TPU lag. Der Einfluss der Fasern auf den Druckverformungsrest wurde nur theoretisch beschrieben.

Elastische, vernetzte Systeme mit Fasern wurden auch von REUSSMANN untersucht [REUSSMANN2009]. Hier wurde der Einfluss von 0,5 Gew.-% Aramidfasern auf die mechanischen Eigenschaften von Silikon beschrieben.

Einen Sonderbereich der matrixelastischen Faserverbunde stellen die unidirektional verstärkten Zahnriemen und Profilriemen dar. Bei ihnen werden polymere oder metallische Zugträger, ggfs. unter Verwendung von zusätzlichen Haftvermittlern eingebettet und zu einem funktionalen Verbundbauteil kombiniert. Die elastische Matrix leitet den Kraftfluss der formschlüssigen oder Reibpaarung vom Antrieb in den Zugträger und von dort aus über die elastische Matrix in den Abtrieb der Maschinenkomponenten. Die elastische Matrix wie auch die Zugträgerlitzen unterliegen dabei hohen Biegewechsellasten. Die Matrix muss zudem einen zuverlässigen Reibpartner gegenüber den An- und Abtriebskomponenten darstellen. Für diese Anwendungen hat sich thermoplastisches Elastomer auf Urethanbasis (TPU) bewährt. Marktbeispiele hierfür sind:

- endlose Zahnriemen aus TPU und Stahllitze (Produkte „Brecoflex", „Secaflex" etc.)
- Profil-Antriebsriemen aus TPU mit oder ohne Zugträger (Produkte „Polycord", „Seca" etc.)
- Rolltreppen-Handläufe aus TPU und Polymerfaser [SCHULTE2004]

Abbildung 8: Beispielhafte Anwendungen endlosfaserverstärkter TPE[2]

Die in Abbildung 8 beispielhaft gezeigten technischen Lösungen verwenden ausschließlich endlose Fasern zur Erreichung der gewünschten Eigenschaften.

Im Zuge dieses Forschungsprojektes wurden diese und ähnliche Faserverbundbauweisen aus Geweben, Gelegen, Vliesen und Ähnlichem nicht betrachtet werden. Ihre Anwendungsgebiete, Materialbeschreibungen und Eigenschaften unterscheiden sich wesentlich vom hier untersuchten Thema. Kommerzielle Produkte, welche Kurzfasern (Glas- oder Kohlefasern im Bereich von bis zu ca. 25 mm) und elastischen Thermoplaste zu Spritzgießcompounds verbinden, sind unter anderem die Produkte „ELASTOLLAN R" (BASF, Ludwigshafen) oder „CELSTRAN TPU-CFxx" (Celanese Engineered Materials Deutschland, Frankfurt). Weitere Hinweise sind unter www.campusplastics.com zu finden. Hier stellt sich „Elastollan R1000" als fester, hoch zäher Konstruktionswerkstoff mit einer Bruchdehnung von ca. 30 % bei Raumtemperatur dar (siehe Abbildung 9).

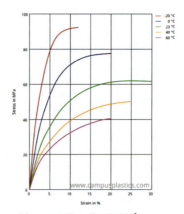

Abbildung 9: Zug-Dehnungs-Diagramm Elastollan R1000[3]

---

[2] www.nsw.de / Wikicommons Beispielbild
[3] www.campusplastics.com

Die Verbindung zwischen einem thermoplastischen Polyester-Elastomer (TPC) und unidirektionaler Kohlefaser in Anteilen von 40, 50 und 60 Volumenprozent wurde in [SHONAIKE1997] in Abhängigkeit des Ausrichtungswinkels der Fasern in der Polymermatrix beschrieben.

Eine Verbindung von thermoplastischem Naturkautschuk und PP/EPDM-Matrix mit Kenaf-Fasern und Maleinsäureanhydrid-gepfropftem Polypropylen (MA-PP) als Kopplungsmittel wurde in [ANUAR2013] beschrieben. Die in einem Innenmischer hergestellten Compounds wurden hinsichtlich ihrer Zugfestigkeit geprüft und zeigten sowohl eine gute Anbindung der Fasern wie auch eine generelle Erhöhung der mechanischen Eigenschaften. Dynamische oder Kriechversuche wurden nicht beschrieben.

MIEDZI stellte umfangreiche Untersuchungen zu TPO-Naturfaser (Stroh) Compounds an, welche einen peroxidischen Vernetzer verwendeten [MIEDZI2019]. Je nach Fasergehalt im Compound und der mittleren Faserlänge ergaben sich deutliche Änderungen im Spannungs-Dehnungs-Diagramm. Abbildung 10 zeigt die Ergebnisse beispielhaft.

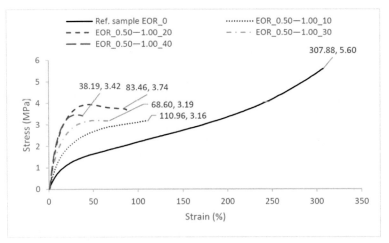

Abbildung 10: Zugdehnungsverhalten naturfasergefüllter TPO mit 10 bis 40 Gew.-% Naturfaserverstärkung [MIEDZI2019]

Den Effekt industrieller Kurzschnitte beschreibt [GANSTER2006]. Die eingesetzten Fasern waren Cordenka 700 (1,8 dtex), Enka viscose (2,8 dtex), Viscose slivera (1,3 dtex), NewCell (1,3 dtex) Tencel slivera (1,4 dtex) und Carbamatea (1,5 dtex). Als elastischer Thermoplast wurde der Werkstoff „Sconablend TPE 60x111" verwendet (SEBS-TPS). Die Untersuchungen von GANSTER et. al. fokussierten jedoch Fasergehalte von 25 Gew. % - also eine strukturell wirksame Menge unter Zurückstellung der elastischen Eigenschaften. Auf eine Messung der verbleibenden Elastizität wurde in der Forschungsarbeit verzichtet.

In [SAIKRASUN1999] wurden Kevlar-Fasern ohne Modifizierung und ohne Kompatibilisierer als „Pulpe" in den Werkstoff „Santoprene" (Polyolefin-TPV) eingebracht. Schon geringe Mengen Fasern erniedrigten die Elastizität und damit die Bruchdehnung erheblich, während jedoch die Festigkeitseigenschaften (Zugmodul und Zugfestigkeit) nur gering erhöht wurden. Zusätzliche Kompatibilisierer „Maleinsäureanhydrid" (MAH) erhöhen die Festigkeit und die Bruchdehnung deutlich. Außerdem wurde eine leichte Erhöhung der Glasübergangstemperatur beobachtet. SAIKRASUN interpretiert den Effekt dahingehend, dass durch die MAH-unterstützte Anbindung die mechanische Spannung im Werkstoff gleichmäßiger auf die Gesamtlänge der Fasern im Verbund übertragen werden konnten.

Die Arbeit von [CHANTARATCHAROEN1999] beschreibt die Zugabe von Kurzfasern aus PMIA (Poly[N N' (1,3-phenylene)isophthalamide]) -Polyaramid in eine TPS-Matrix. Als Kompatibilisierungs-Additiv wurde das Verfahren der N-Alkylation (Heptylation und Dodecylation) verwendet, um die weniger polare Oberfläche des SEBS an die Faser besser anzubinden. Dies wurde über eine deutliche Erhöhung der Zugfestigkeit bestätigt.

In Naturkautschuk-Kokosfasercompounds konnte [GEETHAMMA2005] nachweisen, dass eine „gute Anbindung der Faser an die Matrix" in einer höheren Elastizität des Verbundwerkstoffs mündet. Ist die Faser nicht ausreichend angebunden, wird „mehr Energie im Verbund dissipiert" - er reagiert damit plastischer.

ABDELMOULEH et. al. haben die Zellulosefasern AVICEL, TECHNICAL, ALFA PULPS und PINE FIBERS in PE und Naturkautschuk eingebunden. Für die Anbindung wurden unterschiedliche Silane verwendet, wobei nur die Hexadecyltrimethoxy -Silane (HDS) Effekte zeigten. Die mechanischen Eigenschaften erhöhten sich mit der Länge der eingebrachten Fasern [ABDELMOULEH2007].

Wollastonite wurde ebenfalls als potentielle Verstärkungsfaser in TPE eingesetzt. Es zeigte sich, dass schon geringe Mengen (2 phr) die „mechanische Widerstandfähigkeit des Materials erhöht" haben. Es liegen zudem DMA-Messungen des thermomechanischen Verhaltens vor. TEM-Aufnahmen haben gezeigt, dass Wollastonit nach der Verarbeitung hauptsächlich als Nanopartikel vorliegt [TIGGERMANN2013].

Allen erwähnten Systemen aus elastischen und faserförmigen Materialien ist gemeinsam, dass eine möglichst gute Anbindung der Verbundpartner erzielt werden muss. Hierzu hat sich die Verwendung von MAH-gepfropften Polymeren bewährt.

Allgemeine Charakterisierung gummielastischer Werkstoffe

Ein fester Werkstoff, der unter Belastungen wie Zug, Scherung oder Druck große Deformationen von weit über 100% zeigt und sich nach Entlastung reversibel elastisch ohne äußere Kraft wieder zurückbildet, wird „gummielastisch" genannt. Er zeigt im Gegensatz zu spröden oder duktilen Werkstoffen, die nur geringe Verformungen zulassen, ein "nichtlinear-elastisches Werkstoffverhalten" [WARD-SWEENEY2013, THIEL2016]. Es wird in diesem Zusammenhang auch die Bezeichnung „Hyperelastizität" verwendet, siehe z. B. in [NAGL2014].

Diese Definitionen leiten sich aus dem grundlegenden Zugversuch für die Beschreibung von Werkstoffen ab: Je nach Werkstoffklasse werden angepasste Geometrien (runde oder flache, abgesetzte Zugstäbe) mit angepassten Prüfparametern (Geschwindigkeitsprofil, Temperatur) einer Zugkraft ausgesetzt, welche eine Verformung im Festkörper erzeugt, aus welcher dann eine mechanische Spannung (Kraft pro Fläche) resultiert. Die materialtypischen Verhaltensweisen der Verformung unter Last definieren die Werkstoffe. Unterschieden werden vier grundlegende Last-Verformungsdiagramme (siehe Abbildung 11), wobei **A** einen hoch faserverstärkten, hart-zähen Thermoplast darstellt, **B** einen hoch kristallinen Thermoplast, **C** das Verhalten eines ungefüllten Polyethylens darstellt und **D** ein elastisches Acrylnitril-Butadien-Copolymer (siehe Abbildung 11).

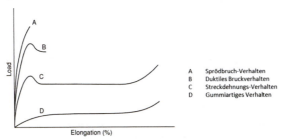

Abbildung 11: Grundsätzliches Werkstoffverhalten unter Zugbelastung nach [WARD-SWEENEY2013]

Nachgewiesen wurde das grundsätzliche Verhalten auch in [NANDO1996] anhand von TPU-Kurzfaser-Compounds.

Die maßgebliche Besonderheit bei der näheren Betrachtung des „gummiartigen Verhaltens" ist die von Beginn der Verformung an vorausgesetzte Nichtlinearität (siehe Abbildung 12). Diejenigen Werkstoffbeschreibungen, welche sich am streng linearen Zusammenhang zwischen Dehnung ε und Spannung σ („Hookesches Gesetz") orientieren, können als Grundlage für eine Beschreibung <u>nicht</u> herangezogen werden, u.a. in [SCHIEFERDECKER2005].

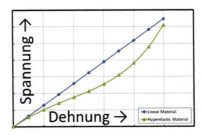

Abbildung 12: Schematischer Vergleich des linearen und hyperelastischen Werkstoffverhaltens nach [NAGL2014]

Das „gummiartige" Werkstoffverhalten ist also in seiner Beschreibung komplex und wird, besonders für den Bereich der Finite-Element-Simulation, über thermodynamische

Gleichgewichtsfunktionen unter Berücksichtigung innerer Energie und Entropie dargestellt. Die Betrachtungsweise unterliegt einem „Wahrscheinlichkeits-" oder „Entropie-Effekt" [WARD-SWEENEY2013]. Nach dieser statistischen Theorie, erstmals aufgestellt von MEYER, VON SUSICH and VALKO [MEYER1932], nehmen vernetzte Polymere, bei denen die Anzahl der Vernetzungsstellen klein genug ist, um die Polymerketten in ihrer Bewegungsfreiheit nicht einzuschränken, einen Zustand maximaler Entropie an. Wird eine äußere Kraft aufgebracht, längen sich die Polymerketten in Richtung der Kraft, reduzieren die Entropie und verursachen einen mechanischen Spannungszustand.

Mathematische Werkstoffmodelle

Die Umsetzung des allgemeinen, entropieelastischen Verhaltens in ein handhabbares Materialmodell für hyperelastische Werkstoffe wurde u.a. vorgenommen durch:

- das „Yeoh"-Modell [RENAUD2009]
- das Arruda-Boyce-Modell [ARRUDA 1993]
- das Mooney-Rivlin-Modell, u. a. in [KUMAR2016], [MOONEY1940]

und zahlreiche andere. Vergleiche der Anwendbarkeit der Materialmodelle finden sich in der Literatur u.a. in [MARCKMANN2006]. Jedes Modell weist charakteristische Eingangsparameter auf, bei denen die Anzahl zwischen 1 und 6 variiert. Eine Übersicht hierzu hat unter anderem MARCKMANN erarbeitet (siehe Tabelle 1).

Tabelle 1: Liste von Werkstoffmodellen hyperelastischer Werkstoffe und deren Eingangs-Parametern nach [MARCKMANN2006]

Model	Year	N.m.p	Parameters	Eqs
Mooney	1940	2	C_1, C_2	(21)
neo-Hookean	1943	1	$nkT/2$	(37)
3-chain	1943	2	$nkT/2, N$	(38)
Ishihara	1951	3	C_{10}, C_{01}, C_{20}	(40)
Biderman	1958	4	$C_{10}, C_{01}, C_{20}, C_{30}$	(23)
Gent and Thomas	1958	2	C_1, C_2	(31)
Hart-Smith	1966	3	G, k_1, k_2	(32)
Valanis and Landel	1967	1	μ	(34)
Ogden	1972	6	$(\mu_i, \alpha_i)_{i=1,3}$	(25)
Haines-Wilson	1975	6	$C_{10}, C_{01}, ..., C_{30}$	(24)
slip-link	1981	3	$N_c kT, N_S kT, \eta$	(42)
constrained junctions	1982	3	$C_{10}, kT\mu/2, k$	(44)
van der Waals	1986	4	G, a, λ_m, β	(43)
8-chain	1993	2	C_r, N	(45)
Gent	1996	2	E, I_m	(35)
Yeoh and Fleming	1997	4	A, B, C_{10}, I_m	(36)
tube	1997	3	G_c, G_e, β	(46)
extended-tube	1999	4	G_c, G_e, β, δ	(47)
Shariff	2000	5	$E, (\alpha_j)_{j=1,4}$	(28)
micro-sphere	2004	5	μ, N, p, U, q	(49), (51)

TIMMEL hat in seiner Arbeit dargestellt, welche Übereinstimmungen diese Werkstoffmodelle zum realen, einachsigen Zugversuch erreichen können (siehe Abbildung 13).

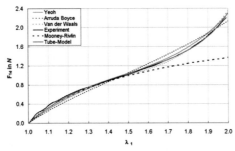

Abbildung 13: Vergleich zwischen Modell und Ergebnis der Prüfung von entropieelastischen Werkstoffen im Zugversuch [TIMMEL2004]

Die Anwendbarkeit unterschiedlicher Modelle wird in [NAGL2014] wie folgt bewertet:

- Neo-Hookean   bis 30 % Dehnung
- Mooney-Rivlin   bis 100 % Dehnung bei 2. und 3. Ordnung und
                  bis 200 % bei 5. und 9. Ordnung der Invarianten
- Ogden   bis 700 % Dehnung
- Yeoh   bis 300 % Dehnung und
- Polynomial   bis 300 % Dehnung.

In diesem Bericht sollen die umfangreichen mathematischen Grundlagen der zur Berechnung des Materialverhaltens notwendigen Kontinuitätsgleichungen oder Deformationsmatritzen nicht explizit ausgeführt werden. Vielmehr soll anhand phänomenologischer Betrachtungen die Basis geschaffen werden, vorhandene Materialmodelle zu verwenden oder neue Anpassungen vorzunehmen. Daher liegt die besondere Verantwortung dieser Arbeit auch darin, die Zusammensetzungen der Materialien sowie ihre Herstellungs- und Verarbeitungsprozesse nachvollziehbar und übertragbar zu dokumentieren.

Spezifische Prüfungen und Bedingungen

Bei den Elastomeren und in spezifischer Form auch bei den TPE treten bei der Prüfung der mechanischen Eigenschaften Besonderheiten auf, welche sich teilweise erheblich auf die Interpretation der Ergebnisse auswirken: Nicht nur die Spannungserweichung („Mullins-Effekt") und die Auswirkungen von Füllstoffen („Payne-Effekt") müssen dabei beachtet werden. BLOBNER und RICHTER haben im Bereich der O-Ringprüfung [BLOBNER2016] hierzu eine ausführliche Übersicht erstellt.

Mullins- und Payne-Effekte beschreiben Phänomene, die Veränderungen in den Eigenschaften eines Elastomerbauteils in Abhängigkeit von der aufgebrachten (ersten) Beanspruchung zur Folge haben. Wird eine Elastomerprobe im Zugversuch belastet, zeigt das Material bei hohen Dehnungen (und hohen Füllgraden) eine zunehmende

Nichtlinearität. Wird das Bauteil mehrfach bis zu hohen Dehnungen belastet und wieder entlastet, so liegen die nachfolgenden Spannungs-Dehnungs-Kurven unterhalb der ersten Kurve. Bei Wiederholung der Lastzyklen mit jeweils ansteigender Dehnung gleichen sich Belastungskurve nach Überschreiten der Dehnung des vorangegangenen Belastungszyklus und Kurvenverlauf der Erstdehnung an (veranschaulicht in Abbildung 14) [KGK2014].

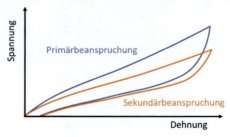

Abbildung 14: Uniachsiales Spannungs-Dehnungs-Verhalten zum Nachweis des Mullins-Effekts [KAHRAMAN2010]

Als Hinweis für die Bauteilprüfung gibt [KGK2014] ferner an: „ *...es ist unbedingt darauf zu achten, dass die Bauteile die gleiche Vorgeschichte haben (mechanische Vorbelastung, identische Lagerzeiten und Lagerbedingungen, vor allem Lagertemperatur). Das Bauteil kann einmal oder mehrfach mit großen Verformungsamplituden beansprucht werden, um einen definierten Zustand einzustellen. Unterschiedliche Vordehnungen lassen keine reproduzierbaren Messungen zu. Insbesondere wenn der Payne-Effekt mehrfach direkt hintereinander gemessen wird, unterscheiden sich die ersten beiden Messungen (der Payne-Effekt ist bei der ersten Messung größer als bei der folgenden), während weitere Folgemessungen sich kaum noch unterscheiden (sofern die Lagerung zwischen den Messungen gleichbleibt). Zur Gewährleistung der Reproduzierbarkeit ist auf eine gleichmäßige Dispersion der Füllstoffpartikel in der Gummimischung zu achten, da sonst die füllstoffabhängigen Beiträge zu den Steifigkeiten, bei Bauteilen, die aus derselben Mischung hergestellt wurden, unterschiedlich ausfallen können. Die Reproduzierbarkeit der Messung des Payne-Effekts kann durch eine höhere Zahl von Messzyklen verbessert werden. Ebenso liefern Messungen in reiner Scherung exaktere und damit auch reproduzierbarere Messergebnisse als Zug-Dehnungs-Messungen (bei Zug-Dehnung kommt es zu tonnenförmigen, ungeregelten Ausbauchungen der Probekörper, die in reiner Scherung nicht auftreten).*"

Diese Hinweise flossen unmittelbar in die hier vorgelegte Arbeit ein.

Zeitabhängiges Verhalten

Als viskoelastischen Materialien zeigen TPE auch eine deutliche Zeitabhängigkeit bei Verformung und Rückstellung. Für die klassischen Anwendungen, bei welchen die gummielastischen Eigenschaften im Vordergrund stehen, stellt diese Zeitabhängigkeit oft eine Einschränkung des gewünschten Verhaltens dar. Das ist besonders wichtig bei einer Dichtungsanwendung, die eine schnelle Rückstellung aufweisen soll, um bei einer plötzlichen Zunahme des zu dichtenden Abstands eine Leckage verhindern zu können. Die Charakterisierung dieses Rückstellvermögens erfolgt in der Regel anhand des Druckverformungsrests (DVR) nach DIN EN ISO 815-1. Bei dem Versuch wird der Probekörper für eine definierte Zeit auf eine vorgegebene Stauchung gebracht. Nach Ablauf der Zeit wird der Probeköper wieder entlastet und die Probendicke nach 30 Minuten Wartezeit gemessen. Das Verhältnis der Dicke nach der Rückstellung zur Dicke vor der Belastung ergibt den Druckverformungsrest DVR in Prozent. Dieser Wert verringert sich zwar mit steigender Wartezeit noch etwas, dies ist jedoch für die praktische Anwendung meist nicht relevant und der Wert nach 30 Minuten wird als „bleibende" Verformung betrachtet.

Der Druckverformungsrest hängt im Wesentlichen von der Dauer der Stauchung und der Temperatur ab, genauso wie die zugrundeliegende Spannungsrelaxation, die bei konstanter Stauchung stattfindet. Die Bestimmung des Druckverformungsrests unterliegt in der Praxis teilweise einer großen Streuung und ist relativ zeitaufwändig, daher hat maßgeblich VENNEMANN eine Methode zur werkstofflichen Charakterisierung von Elastomeren und thermoplastischen Elastomeren erarbeitet [VENNEMANN2003, VENNEMANN2012].

Diese Methode basiert auf der Bestimmung der Spannungsrelaxation. Da diese in der Regel sehr zeitaufwändig ist, wird sie durch eine rampenartige Erhöhung der Temperatur beschleunigt. Daher kann der Versuch als „anisotherme Spannungsrelaxationsprüfung" bezeichnet werden, ist jedoch unter dem englischen Begriff *Temperature Scanning Stress Relaxation* (TSSR) bekannt.

Das Prinzip der Messung ist einfach: Der Probekörper wird bei Raumtemperatur auf eine Zieldehnung gebracht. Nach einer Wartezeit, welche dazu beitragen soll, den Einfluss eventueller Anlaufeffekte zu minimieren, wird die Temperatur mit konstanter Geschwindigkeit erhöht (Temperaturrampe). Die Kraft wird während der gesamten Messung erfasst und ins Verhältnis zur Kraft beim Start der Temperaturrampe gesetzt. Wenn die Kraft relaxiert ist, kann die Messung gestoppt werden. Wird dann die Kraft über die Temperatur aufgetragen, so lassen sich aus dem Verlauf des Kraftverhältnisses spezifische Temperaturkennwerte ermitteln. Als „T_{50}" wird dann die Temperatur bezeichnet, bei welcher ein Kraftabfall von 50% erreicht ist. Je höher diese Temperatur T_{50} liegt, desto höher ist tendenziell auch die Temperaturbeständigkeit des Materials.

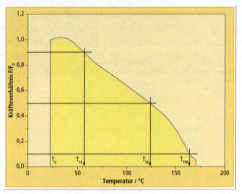

Abbildung 15: Bildung des TSSR-Index [FREMUTH2013]

Das Hauptmerkmal dieser Methode ist Bestimmung eines spezifischen Kennwerts (dem sog. „TSSR-Index"), welcher die Materialien hinsichtlich deren Neigung zur Spannungsrelaxation charakterisiert (siehe Abbildung 15). Zur Bestimmung wird das gemessene Verhalten in Abhängigkeit von der Temperatur mit dem idealen Verhalten eines vollständig elastischen Materials, welches keinen Kraftabfall über dem betrachteten Temperaturbereich aufweist, verglichen (siehe Abbildung 16). Die Fläche unterhalb der Messkurven wird ins Verhältnis zur Fläche des Quadrats (ideales Verhalten) gesetzt, um den TSSR-Index zu bilden. Dieser Indexwert liegt immer zwischen 1 (vollständig elastisch) und 0 (vollständig viskos). Damit können Materialien untereinander gut verglichen werden.

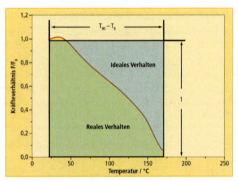

Abbildung 16: Verhältnis zwischen idealem und realem Verhalten zur Bestimmung des TSSR-Index [FREMUTH2013]

Die Vorteile der Methode im Vergleich zu den klassischen DVR-Messungen umfassen vor allem einen geringen Prüf- und Zeitaufwand sowie eine gute Reproduzierbarkeit [OLTMANNS2008].

Effekte von Kurzfasern in vernetzten Elastomeren

Wie bereits beschrieben, besteht der entscheidende technologische Vorteil von TPE gegenüber Gummi darin, dass TPE zwar gummielastische Eigenschaften haben, aber nicht (irreversibel) vulkanisiert sind. TPE können – genau wie andere Thermoplaste – immer wieder thermisch umgeformt werden. Ihre Produktivität liegt deutlich höher als bei adäquaten Gummiprodukten [GORDON1999].

Die ebenfalls bereits diskutierten Nachteile der TPE ergeben sich aus ihrem größten Vorteil, nämlich ihrer thermoplastischen Natur: TPE-Produkte sind thermisch und auch dynamisch weniger belastbar als „klassische" Gummierzeugnisse. Vor allem aber weisen sie eine relativ hohe bleibende Verformung unter Druck (Druckverformungsrest) sowie eine deutlich erhöhte Kriechneigung bei langanhaltender und/oder dynamischer Belastung auf [BUSCHHAUS1989], [AMASH2001], [FRITZ1999], [AMASH2001-1], [LUTHER2005].

Findet man hier eine Lösung – vorzugsweise eine, welche die ganze Vielfalt der TPE-Werkstoffe abbildet – so wird es möglich, sowohl bereits bestehende TPE-Produktgruppen aufzuwerten als auch in Marktsegmente vorzudringen, die bisher herkömmlichem Gummi oder anderen Kunststoffen vorbehalten waren.

Vom Gummi ist aus umfangreichen eigenen Untersuchungen sowie aus der Literatur und vom Markt bekannt, dass schon relativ geringe Zusätze an Fasern zu drastischen Veränderungen im viskosen, mechanischen und thermischen Verhalten führen [GOETTLER1983], [SETUA1984], [MURTY1982], [DATTA2005], [DATTA2009], [NECHWATAL2008], [NECHWATAL 2014]: Eine kleine Menge an Fasern hat den gleichen Effekt wie ein viel größerer Zusatz an aktivem Füllstoff (Ruß, Kieselsäure). Zudem verbessert sich deutlich das thermo-mechanische Eigenschaftsbild des Werkstoffs.

Die Alternative zu Kurzfasern – die Verstärkung mittels Cord oder Gewebe – erfordert separate Arbeitsschritte. Im Gegensatz dazu kann die Versteifung mit Kurzfasern schon beim Compoundieren und damit weit produktiver realisiert werden.

Die Veränderung der Eigenschaften fällt jedoch immer anisotrop aus (siehe Abbildung 17). Somit kann man sich dem jeweiligen konstruktiven Problem am Bauteil gezielt annähern: Bei Verarbeitung solcher Compounds über Schneckenaggregate oder Walzen gelingt es, die Fasern in eine Vorzugsrichtung zu orientieren – in dieser Richtung weist das Vulkanisat eine hohe Steifigkeit auf, während senkrecht dazu die Flexibilität des Werkstoffs weitgehend erhalten bleibt.

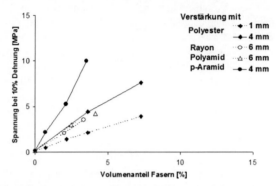

Abbildung 17: Veränderung der Spannung bei 10 % Dehnung durch den Zusatz von Kurzfasern längs zur Faserorientierung am Beispiel einer SBR-Mischung [NECHWATAL2008]

Parallel zur erhöhten Steifigkeit beobachtet man in Faserrichtung auch einen Abfall des DVR (Abbildung 18).

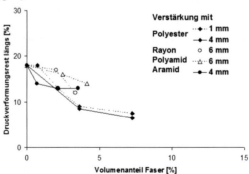

Abbildung 18: Veränderung des DVR durch Kurzfasern längs zur Faserorientierung am Beispiel einer SBR-Mischung [NECHWATAL2008]

Entsprechende eigene, frühere Arbeiten an TPE liefen mit Carbonfasern (Neuware und Recycling) [NECHWATAL2010], [NECHWATAL2016]. Zwar war der Schwerpunkt damals die Erhöhung der elektrischen Leitfähigkeit, aber es fiel auf, dass auch TPE durch den Kurzschnitt eine deutliche mechanische Verstärkung erfahren. Diese angedeuteten positiven Effekte setzen allerdings

- eine gute Verteilung und Vereinzelung der Fasern im Elastomer bzw. im TPE,
- eine hinreichende Faser-Matrix-Haftung,
- eine weitgehende Orientierung der Fasern (falls auf Anisotropie abgezielt wird) und
- die thermische und chemische Beständigkeit des gesamten Systems voraus.

Die ersten beiden Punkte sind am wichtigsten, aber auch am schwierigsten umzusetzen: Kurzfasern lassen sich – gerade in weichen Matrices – nur schwierig dispergieren. Spezielle technologische Vorkehrungen führen zwar zu verbesserter Faserverteilung, werden aber häufig um den Preis einer Faserverkürzung und damit einer geringeren Verstärkung im Werkstoff erkauft.

Die Rezepturzusammensetzung muss so ausgelegt werden, dass eine optimale Faser-Matrix-Haftung erreicht werden kann. Da TPE-Rezepturen meist aus vielen Komponenten bestehen, kann dies – aufgrund möglicher Wechselwirkungen mit anderen Rezepturkomponenten – relativ anspruchsvoll werden.

Vor diesem Hintergrund setzte sich das Projekt die werkstoffliche Weiterentwicklung von SEBS-TPS mit erhöhter Temperaturbeständigkeit und verbessertem Rückstellvermögen zum Ziel. Die jeweiligen Rezepturen der TPS-Matrix sollten dabei nicht verändert werden.

Anwendung der Statistischen Versuchsplanung

Innerhalb dieses Projektes wurden zahlreiche Materialien und deren Kombinationen mittels Prozessen der Kunststofftechnik verarbeitet. Trotz des Umfangs an Zusammensetzungen, Verfahrensschritten, Prüfungen und Einzelergebnissen muss als Ergebnis eine eindeutige Zuordnung zwischen den sogenannten „Inputparametern" und den betrachteten „Qualitätsgrößen" möglich sein. Sobald ein größerer Umfang an Kombinationen, Parametern und Prüfungsergebnissen vorliegt, muss sinnvollerweise die „Statistische Versuchsplanung" verwendet werden, um Zusammenhänge aussagekräftig darzustellen. Am SKZ wird hierzu die hauseigene Softwarelösung MESOS® verwendet.

Sobald in einer beliebigen Prozessanalyse mehrere Einflussfaktoren und mehrere daraus entstehende Qualitätsparameter betrachtet werden sollen, müssen die folgenden Fragen beantwortet werden:

- Wie hängen die Parameter und die Ergebnisse mathematisch zusammen („Regressions-Funktionen")?
- Welche Aussagekraft kann ich einem analysierten Zusammenhang zuordnen („Korrelationskoeffizienten" und „Konfidenzintervall")?

Die Methode der Statistischen Versuchsplanung (oder „Design of Experiments", DoE) eignet sich grundsätzlich zur Beantwortung dieser Fragen und leistet einen erheblichen Beitrag zum Verständnis von Prozessen, die von zahlreichen Haupt- und Nebeneffekten in ihren Outputfaktoren beeinflusst werden [BRENNER2007]. Die verbreitete Methode „One Factor At A Time", also die Änderung einzelner Faktoren und die „Hoffnung", einen optimalen Arbeitspunkt aus einer begründeten Hypothese herauszufinden, ist nicht zielführend im Sinne einer stringenten Prozessoptimierung oder -analyse.

Zur Abstimmung mit dem projektbegleitenden Ausschuss wurde dieses Vorgehen detailliert ausgearbeitet und schematisch präsentiert (siehe Abbildung 19).

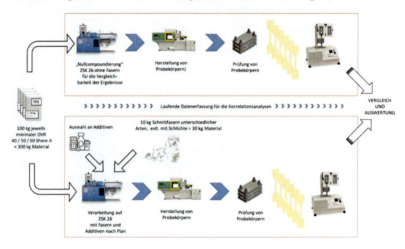

Abbildung 19: Schematischer Ablauf von Verarbeitung, Prüfung und Auswertung

Wurde aus der Definition des durchzuführenden Prozesses erarbeitet, welche Einflussfaktoren in welchem Wertebereich aufgenommen werden sollen und welche allgemeinen- oder Umweltfaktoren (Außentemperatur, Luftzug etc.) nicht betrachtet werden, müssen diese Faktoren für den Versuchsplan in äquidistante Stufen eingeteilt werden. Diese Stufen liegen dann sinnvollerweise innerhalb der Grenzen dessen, was in dieser ersten Abschätzung als machbar und aussagekräftig eingeschätzt wird. Bei der Durchführung des Versuchsplanes kann sich noch immer herausstellen, dass die Addition dieser einzeln festgelegten maximalen Grenzen dennoch zu einer Prozessstörung führt. In diesem Fall wäre der Versuchsplan entsprechend anzupassen. In diesem Projekt war eine Anpassung nicht erforderlich. Das Auffinden der jeweiligen Grenzen muss bei unbekannten Zusammenhängen zunächst durch Vorversuche („Screening") erfolgen.

Diese umfassende Einordnung des Themas soll nun durch die Beschreibung der im Projekt ausgeführten Arbeiten komplettiert werden. Die Einordnung erschien dem Projektteam notwendig, um den Abschlussbericht in bestmöglicher Weise auch für Neueinsteiger, Studierende und näher interessierte Fachleute darzustellen.

4 Durchgeführte Arbeiten

4.1 AP1: Voruntersuchungen Materialien und Compoundierverfahren

Der Bericht umfasst bis hierher die im Projekt zu erarbeitende Marktsituation und stellt die Grundlagen kurz-, lang- und endlosfaserverstärkter elastischer Werkstoffe dar. Diese Anwendungen beinhalten spezifische Materialkombinationen und Kompatibilisierungsadditive, welche ebenfalls beschrieben wurden. Gemeinsam mit den Kenntnissen der Forschungseinrichtungen und des projektbegleitenden Ausschusses konnte der Umfang bezüglich der Matrixwerkstoffe, der Fasern und der notwendigen Additive identifiziert, beschafft und in Screening- sowie statistischen Versuchen verarbeitet werden. Dies erfolgte an den beteiligten Forschungseinrichtungen in unterschiedlichen Verarbeitungsverfahren.

Durch die strikte Notwendigkeit des Erhalts der entropieelastischen Eigenschaften im Werkstoffverbund wurden starre Fasern wie E-Glas oder HT-Kohlefasern nicht betrachtet.

Grundlagen für die Arbeiten an den zu erstellenden Rezepturen und eine Einteilung von „In Scope" und „Out Of Scope" waren die Zusammenhänge der strukturellen Faserverstärkung sowie die Konstruktionsrichtlinien von elastomeren Dichtungselementen. Aus diesen Grundlagen wurde das Projekt wie folgt präzisiert.

„In scope" der Compoundherstellung / Rezeptur:

- Verringerung der bisherigen Druckverformungsrest-Werte
- Erhalt der elastischen Dichtungs-Eigenschaften
- Erhöhung der Temperaturbeständigkeit bei kurzfristiger Temperaturspitze und / oder bei maximaler Dauergebrauchstemperatur
- wenn möglich, Erhöhung der mechanisch-dynamischen Festigkeit (gegenüber Abscherung bei großen Dichtspalten)

"Out of scope" der Compoundherstellung / Rezeptur:

- Chemische Beständigkeit, Gaspermeation (allg. Medienangriff)
- Erarbeitung vollständig neuer TPS-Rezepturen
- Montage- und Konstruktionsfehler
- Herstell-, Rezeptur- oder Fremdmaterialfehler

Zudem wurden die heute gängigen Methoden der werkstofflichen Charakterisierungen dargestellt und ebenfalls in Bezug auf den weiteren Projektverlauf präzisiert. Wie bereits im Bericht dargestellt, weist der Zugdehnungs-Versuch bei entropieelastischen Werkstoffen eine Besonderheit bezüglich der ersten und den Folgebelastungen auf, welche es zu berücksichtigen gilt. Für eine Vergleichbarkeit und die passende Bewertung, ob die oben genannten Ziele erreicht wurden, waren zudem gängige Prüfmethoden für TPE einzubeziehen. In erster Linie ist dies die Prüfung des Druckverformungsrests (DVR) nach DIN EN ISO 815-1.

Darüber hinaus wurde die TSSR-Methode (Temperature Scanning Stress Relaxation) nach VENNEMANN angewendet. Dazu diente das TSSR-Meter der Fa. BRABENDER GmbH & Co. KG, Duisburg [FREMUTH2013] (siehe Abbildung 20), welches für die

Dauer des Forschungsvorhabens als Sachleistung zur Verfügung gestellt wurde. Die Prüfung erfolgte an S2-Schulterstäben nach DIN 53504 in der oben beschriebenen Weise.

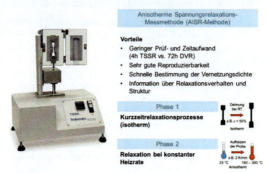

Abbildung 20: Darstellung des eingesetzten TSSR-Meters (Quelle: BRABENDER-Mestechnik)

Aus diesen Informationen wurden die Prüfmethoden im Projekt wie folgt festgelegt:
„**In scope**" der werkstofflichen Charakterisierung:

- Vergleich von Standard-TPS Werkstoffen mit den zu entwickelnden Faser-TPS, um einen Direktvergleich zu ermöglichen
- Charakterisierung durch Bestimmungen von Härte, Dichte, Zugeigenschaften, Weiterreißfestigkeit und DVR (72 h / RT und 24 h / 70°C und 24 h / 100°C)
- Verwendung der Methode „TSSR" für bisher nicht ausreichend durch die o.g. Methoden beschriebenen Materialeigenschaften

„**Out of scope**" der werkstofflichen Charakterisierung sind alle anderen Prüfmethoden.

- Als Werkstoffe für die Überprüfung der Arbeitshypothese wurden folgende Materialien ausgewählt und seitens der Firmen im projektbegleitenden Ausschuss zur Verfügung gestellt:
- Je zwei TPS-Materialien mit einer Härte von 40, 50 und 60 Shore-A
- Drei Naturfaser-Kurzschnitte (Sisal, Flachs und Hanf)
- Drei synthetische Faserwerkstoffe (2 Rayon-Cord-Typen, auf 3,4 mm geschnitten, sowie ein gummifreundlicher Zellstoff-SBR-Compound)
- Zwei Standard-Kopplungsadditive für die Verarbeitung in thermoplastischen Compounds (Bereitstellung durch kostenfreie Mustermengen der Firma BYK-Chemie GmbH, Abelstraße 45, 46483 Wesel)

Die ausgewählten Werkstoffe wurden anschließend durch die gewählten Prüfverfahren beschrieben. Hierzu waren umfangreiche Arbeiten notwendig:

- Erarbeitung und Abstimmung einer Schneckenkonfiguration für einen gleichlaufenden Doppelschneckenextruder Bauart COPERION ZSK 26 MCC und MC18 für Vorversuche (Coperion GmbH, Theodorstraße 10, 70469 Stuttgart).
- Alle Matrixmaterialien wurden für eine Vergleichbarkeit zuerst am SKZ einer sog. „Nullcompoundierung" unterzogen – sie wurden einmal mittels der ausgewählten Compoundiertechnik verarbeitet und wieder granuliert. Damit

Durchgeführte Arbeiten

wurde eine mögliche Materialänderung durch den Prozess aufgeprägt. Die Eigenschaften der später mit Fasern modifizierten Compounds sind nur durch diesen Schritt in geeigneter Weise den unmodifizierten Materialien gegenüberzustellen.

- Alle Fasermaterialien wurden mittels der ausgewählten Verfahren werkstofflich definiert.

Die Darstellung der Verfahrenstechnik und der Werkstoffeigenschaften findet sich in Abschnitt 4.4.1

Das Ziel des Arbeitspunktes, die Aktivitäten zu konzipieren und eine materielle Basis für das Produkt zu schaffen, wurde vollständig erreicht.

4.2 AP 2: Integration von kommerziellem Kurzschnitt

Dieser Arbeitspunkt umfasste am SKZ die ersten Werkstoff-Screenings unter Verwendung von Cellulose- und PES-Fasern. Berücksichtigt wurde der grundsätzliche Einfluss des Gehaltes an Weichmacher (orientiert an den vorhandenen Härtegraden der TPS-Werkstoffe).

Im TITK liefen die erste Extrusion, das Spritzgießen von faserverstärktem TPS sowie erste werkstoffliche Prüfungen mit den Schwerpunkten der Betrachtung von Homogenität der Faserverteilung und möglicher mechanisch / dynamischer Anisotropie der hergestellten Werkstoffe.

Aufbauend auf einem Screening wurde das Prozessverhalten der ausgewählten TPS mit Fasern erarbeitet (Maschinentechnik MC18 und MCC26, Schneckengeometrie, Prozessführung, Dosiertechnik). Schwerpunkt war hierbei die Verwendung von kommerziell verfügbarem Kurzschnitt. Die gleichmäßige Verteilung der Fasern wurde intensiv betrachtet und für die Zweischneckencompoundierung nachgewiesen. Dies erfolgte jedoch nicht in einem TPS-Herstellungsschritt mit separat vorliegenden Weichmacherölen, sondern an marktreifen TPS-Compounds, welche vom projektbegleitenden Ausschuss (pbA) bereitgestellt wurden.

Im Ergebnisteil des Berichts sind die kurzschnitthaltigen TPS-Compounds umfangreich dargestellt und mechanisch analysiert, insbesondere im Hinblick auf die zu vermutenden anisotropen Eigenschaften.

Das Ziel dieses Arbeitspunktes, die zur Herstellung von fasermodifizierten TPS notwendigen Abläufe in experimentellen Screenings darzustellen, wurde vollständig erreicht.

4.3 AP 3: Integration speziell aufbereiteter Kurzschnitte

Entscheidend für den Erfolg einer Verstärkung mit Kurzschnitt sind die Rieselfähigkeit und die Vereinzelung der Fasern beim Compoundieren. In diesem AP wurden:

- die am Markt erhältlichen, dafür besonders ausgewiesenen Produkte,
- spezielle Entwicklungen eines Kurzschnitt-Herstellers und
- Ansätze zu dieser Problematik aus dem TITK

in die Untersuchungen einbezogen und bearbeitet.

Mit den generellen Erfahrungen aus den vorangegangenen Schritten sowie mit den Varianten an TPS-Rezepturen bzw. Aufbereitungstechnologien, die sich dort als günstig erwiesen hatten, wurden analoge Versuchsreihen wie in AP 2 durchgeführt. Die geeignete Vorbereitung von Kurzschnitt führte zu technologischen Vorteilen bei der TPS-Herstellung und Verarbeitung.

Das Ziel von AP 3, die Verbesserung der Dispergierbarkeit von Kurzschnitt in TPS, wurde vollständig erreicht.

4.4 AP 4: Einarbeitung von Fasergranulat

Thermoplastische Fasergranulate eignen sich dazu, Compounds mit einem breiten Spektrum an Faserkonzentrationen und -längen herzustellen.

Auf dieser Basis wurden entsprechende Compoundier-Reihen durchgeführt; die Verarbeitung und Bewertung erfolgte analog AP 2/3.

Das Ziel von AP 4 konnte an mehreren Beispielen erfolgreich demonstriert werden.

4.5 AP 5: Betrachtungen zu Haftvermittlern

Neben Vereinzelung und gleichmäßiger Verteilung spielt die Anbindung der Faser an die Matrix eine entscheidende Rolle (siehe Grundlagenbeschreibungen). Für die von den Herstellern bereitgestellten Materialien wurden die als tauglich erachteten Haftvermittler-Systeme am Markt recherchiert, beschafft und auf ihren Einfluss im Compound hin bewertet:

- Haftvermittler auf Basis Maleinsäureanhydrid-gepfropfter Polyolefine (MAH-PP) wurden als Stand der Technik erkannt und als Zusatz zu den Compounds verwendet.
- Die Integration der Haftvermittler zusammen mit den Kurzschnitten verursachte bei Vorversuchen keine zusätzlichen Probleme.
- Die Effektivität der Haftvermittler im Compoundierprozess wurde anhand der mechanischen Leistungsfähigkeit beurteilt. Die Materialien eignen sich grundsätzlich für einen Einsatz beim Compoundieren.

Untersuchungen zum Potenzial der Adhäsive liefen zunächst über die Ausrüstung von Filamentgarnen und Messung der Auszugskräfte. Optimale Varianten wurden dann auf Kurzfasern übertragen und Untersuchungen/Messungen analog den Abläufen in AP2 bis AP4 durchgeführt.

Im Laufe der Recherchen konnten andere Haftvermittler als MAH in Form von gepfropften Polymeren ausgeschlossen werden. Eine Verwendung von Silanen stellte sich als nicht zielführend heraus.

Das Ziel des Arbeitspunktes 5, die Ermittlung geeigneter Haftvermittler für den Compoundierprozess, wurde vollständig erreicht.

4.6 AP 6: Untersuchungen an Dip-Cord

Textilverstärkte Gummiprodukte, wie z.B. Reifen, Fördergurte oder Antriebsriemen, unterliegen extremen Belastungen. Möglich wird ihre dauerhafte Funktion nur dadurch, dass die textilen Verstärkungsmaterialien mit speziellen Haftvermittlern ausgerüstet sind, dem sogenannten „Dip". Wegen partieller Analogien zwischen TPS und Gummi erschien es sinnvoll, derartige Materialien auch hier im Projekt einzubeziehen.

Das TITK beschaffte dazu RFL-imprägnierte Cellulose und Polyester.

Die Materialien lagen entweder bereits geschnitten vor oder wurden – sowohl im TITK als auch beim Industriepartner STW Schenckenzell – auf die notwendigen Längen gebracht.

Compoundierversuche liefen im SKZ und im TITK.

Tatsächlich beobachtet man durch die aufgebrachten Dips
- eine bessere Rieselfähigkeit und Vereinzelung der Fasern beim Compoundieren

und
- eine höhere Verstärkung

als bei adäquatem Rohmaterial.

Das Ziel von AP6, das Herausarbeiten der Effekte von Dip-Cord in TPS, wurde damit vollständig erreicht.

4.7 AP 7: Abstimmung der Basis-Rezepturen auf die Faser

Die aus der Projektdefinition abgeleitete Verwendung der Statistischen Versuchsplanung zur Ermittlung der Haupteffekte und -einflüsse der Fasern sowie deren Anteile, präzisierte den AP7 erheblich. Das Ziel, die Fasereffekte in diesem, durch zahlreiche Faktoren beeinflussten, Prozess herauszuarbeiten, wurde durch die Korrelationsanalyse mittels der Software MESOS® anschaulich und statistisch belegt.

Das Ziel des Arbeitspunktes wurde vollständig erreicht.

4.8 AP 8: Zusammenhang zwischen Rezeptur und Faser-Effekt

Im Projekt wurde auf die direkte Herstellung von TPS aus den Rohstoffen Polyolefin, S(E)BS, Weichmacher, Füllstoff und Additiven aus den dargestellten Gründen verzichtet. Die verwendeten TPS-Grundmaterialien wurden seitens des projektbegleitenden Ausschusses zur Verfügung gestellt und erhöhen somit erheblich die Vergleichbarkeit der Ergebnisse zu marktreifen Materialien. Der Arbeitspunkt wurde wie AP 7 erheblich in seiner Aussagekraft im Vergleich zum ersten Forschungsansatz geschärft. Auch hier liefert die Statistische Versuchsplanung Einblicke in die Zusammenhänge zwischen Rezeptur und Materialverhalten, die durch eine „one-factor-at-a-time"-Analyse nicht möglich gewesen wäre.

Die Auswirkung der Faser wurden nicht nur auf Basis der Kurzzeit-Eigenschaften untersucht. Wie im Antrag (Wiedereinreichung) dargestellt, wurde auch eine Bewertung hinsichtlich deren Einflüsse auf das zeitabhängige Verhalten angestrebt. Dies erfolgte wie in AP1 durch die TSSR-Methode zur beschleunigten Charakterisierung des Relaxationsverhaltens für die ausgewählten Rezepturen.

Damit übertrifft das Ergebnis des Arbeitspunktes 8 die Zielerwartungen.

4.9 AP 9. Thermische und dynamische Beständigkeit

Weiterhin essentiell für die praktische Umsetzung des Projektansatzes war, ob die positive Veränderung der werkstofflichen Eigenschaften auch im Einsatz stabil bleibt und ob es keine negativen Effekte gibt.

Um das zu überprüfen, wurden Compounds ausgewählt, die sich hinsichtlich Prozessverhalten und Faserverstärkung abheben. Diese Aktivitäten liefen in enger Verzahnung von SKZ und TITK.

Die Untersuchungen zeigten, dass

- bei höherer Temperatur die Steifheit des faserverstärkten TPS zwar abfällt, das Niveau aber auch dann noch deutlich über dem des reinen TPE verharrt; dynamische DMTA-Analysen untersetzten diese Beobachtung,
- die fasergefüllten TPE dynamisch hochbeständig sind; erst wenn man die Menge und Länge der Fasern über ein bestimmtes Maß erhöht, muss man mit Abstrichen rechnen.

Das Ziel von AP 9, der Nachweis positiver Effekte bzw. der Neutralität der Faserverstärkung in thermisch und dynamisch belastetem TPS, wurde damit vollständig erreicht.

4.10 AP 10. Upscaling und Herstellung von Demonstratoren

Aussagen zum Ergebnistransfer in die industrielle Praxis über großtechnische Versuche liegen zum Zeitpunkt der Erstellung des Abschlussberichtes erst teilweise vor. Nach dem Upscaling des Compoundierprozesses am SKZ waren unter Mitwirkung der Partner aus dem Projektbegleitenden Ausschuss die folgenden Arbeiten geplant:

- Herstellung von fünf unterschiedlichen Ansätzen an faserverstärktem TPS ist erfolgt. Mustermengen stehen für Versuche zur Verfügung.
- Versuche zur Extrusion von zwei bis drei dieser Ansätze zu Profilen unterschiedlicher Geometrie und Anforderungen stehen noch aus.
- Spritzgieß-Verarbeitung der verbleibenden Ansätze zu unterschiedlichen Produkten (abgestuft in Komplexität, Wanddicken und Dimension) stehen noch aus
- in Zusammenarbeit mit dem PbA steht die Herstellung von Demonstratoren noch aus.

Es wurde bei den beteiligten Firmen abgefragt, ob die optimierten Werkstoffe des Projekts den Anforderungen der Praxis genügen. Bisher liegen hierzu leine Aussagen vor. Weitere Untersuchungen müssen speziell zugeschnitten auf die aufgeworfenen Probleme der Industriepartner durchgeführt werden.

Das Ziel von AP 10: Aufzeigen des Potenzials von faserverstärktem TPS im praktischen Einsatz wurde vollständig erreicht. Eine Umsetzung der Ergebnisse liegt in der Entscheidung der beteiligten Unternehmen, bzw. nach Veröffentlichung des Berichtes bei der interessierten Industrie.

5 Darstellung und Diskussion der Ergebnisse

5.1 AP 1 Voruntersuchungen Materialien und Compoundierverfahren

5.1.1 Allgemeines

Die in Kapitel 4.1 dargestellten Definitionen und Präzisierungen des Forschungsantrages haben wesentlich dazu beigetragen, das gemeinsame Verständnis für die angestrebten Arbeiten zwischen den Forschungseinrichtungen und den Interessen der Industrievertreter:innen zu erhöhen. Der zunächst im Antrag möglichst offen gehaltene Umfang konnte auf die teilnehmenden Industriepartner zugeschnitten werden, um die Ergebnisse möglichst ohne Hürden in das industrielle Umfeld zu übertragen. Die wissenschaftlichen Belange wurden ausführlich kommuniziert und erklärt, so dass im Laufe des Projektes das Verständnis für die angestrebte Modifikation deutlich erhöht werden konnte. Eine solche gemeinsame Erarbeitung der Zieldefinition unter den dargestellten Begriffen „in scope" und „out of scope" könnte im Rahmen des Möglichen als „best practice" für derartige Projekte vorgestellt werden. Sie ist grundsätzlich im Projektmanagement bekannt, wird jedoch in Forschungsprojekten dieser Art noch nicht immer explizit angewendet.

5.1.2 Nullcompoundierung

Die beschriebene „Nullcompoundierung" wurde zu dem Zweck durchgeführt, die prozesstechnischen Einflüsse, hauptsächlich durch Scherung und Wärme, auf den Vergleich „TPE ohne / mit Fasern" zu eliminieren. Schematisch in Abbildung 21 dargestellt, wird das Polymer beim Durchlauf weitgehend gleichen Beanspruchungen ausgesetzt, so dass Unterschiede nur aus der Modifizierung mit den Fasern resultieren.

Mögliche Einflüsse wie eine „innere Scherüberhöhung[4]" durch die Kurzschnitte kann nicht ausgeschlossen werden. Sie werden jedoch (auch wegen der niedrigen Faserbeladung) als gering eingestuft.

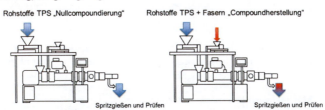

Abbildung 21: Schematische Darstellung des Ablaufs "Vergleich Nullcompoundierung vs. Faser-Modifikation"

---

[4] Zu verstehen als allgemeines Phänomen eines lokalen Anstiegs der Scherkräfte in einer Suspension durch das Vorhandensein mehrerer Phasengrenzen bzw. einer nicht quantifizierbaren Art der „inneren Reibung".

Im Zuge von Vorarbeiten wurden unterschiedliche Compoundierlinien (Durchmesser 18 und 26 mm) sowie unterschiedliche Möglichkeiten zur Dosierung und Granulaterzeugung (Stranggranulierer und Unterwassergranulierer) am SKZ verwendet.

Die als passend erarbeitete Schneckenkonfiguration für die Erstellung der Compounds ergab einen als „mäßig scherintensiv" einzustufenden, 60 D langen Aufbau mit:

- der Zugabe von TPE und Additiven im Haupteinzug (Förderung über 8 D),
- einer nachgeschalteten Aufschmelzzone mit dreigängigen, fördernden und zweigängigen, neutralen Knetblöcken (8 D),
- Förderelementen bis zur Zweiwellen-Seitenbeschickung (10 D)
- einer zweiten Mischzone mit zweigängigen, fördernden und neutralen Knetblöcken (6 D),
- einem zweiten Bereich mit Förderelementen (10 D),
- einer dritten Mischzone mit zweigängigen, fördernden und neutralen Knetblöcken und zweigängigen, rückfördernden Gewindemischelementen (8 D) und
- einem abschließenden Förderbereich über 10 D zur Entgasung und zum Druckaufbau.

Eine Übersicht ist in Abbildung 22 dargestellt. Für die Erarbeitung der Konfiguration wurde das SKZ-eigene Software-Programm „Extruvis" (Version 0.0.17.23, SKZ – KFE gGmbH, Würzburg) verwendet.

Abbildung 22: Schneckenkonfiguration für COPERION ZSK 26 MCC

Der gewählte Aufbau entspricht einer Standard-Konfiguration; sie unterlag keiner Optimierung bezüglich des Schereintrags oder des Durchsatzes und war nicht Ziel einer Verbesserung im Rahmen dieses Projektes.

5.1.3 Materialcharakterisierung der Matrices

5.1.3.1 Grundsätzliche Kennwerte

Nach Durchführung der „Nullcompoundierung" wurden die TPS-Typen werkstofflich charakterisiert. Die Ergebnisse der Prüfungen sind als Ausgangswerte für die nachfolgenden Vergleiche heranzuziehen. In Tabelle 2 sind die Materialien wie folgt codiert: „1-40" bedeutet „Hersteller 1" und „Härtebereich 40 Shore-A". Analog gilt die Codierung für alle anderen Materialien.

Tabelle 2: Werkstoffkennwerte der TPS nach Nullcompoundierung

Prüfvorschriften, Bedingungen, Einheiten			1-40	1-50	1-60	2-40	2-50	2-60
Dichte	ISO 1183-1	g/cm³	0,91	0,91	0,91	0,89	0,89	0,90
Härte	ISO 7619-1 Shore A Normklima	Shore A	44	54	59	43	50	60
		Stabw.	0,83	0,74	0,67	0,86	0,85	0,91
DVR 72 h	DIN ISO 23529 (Ø Dreifachbestimmung je 3 Proben)	% bei Normklima	17,6	20,3	23,1	16,4	17,2	21,8
DVR 24 h		% bei 70 °C	33,9	33,3	36,0	38,2	37,8	43,3
DVR 24 h		% bei 100 °C	59,7	57,1	48,3	51,2	65,6	61,8
Spannung längs zur Spritzrichtung (graphische Kurvenauswertung gemittelt)	DIN 53504, Typ S2 bei 200 mm/min, 0,04 MPa Vorkraft	MPa bei 100 %	1,5	2,1	2,4	1,5	1,8	2,3
		MPa bei 200 %	2,30	3,10	3,50	2,05	2,55	2,75
		MPa bei 300 %	3,25	4,30	4,60	2,60	3,15	3,20
Reißdehnung längs zur Spritzrichtung	> 24 h Normklima	%	432	441	470	390	383	450
		Stabw.	21	19	36	25	24	52
Weiterreißwiderstand	DIN ISO 34-1	N/mm	10	12	15	9	10	15

5.1.3.2 Spritzgegossene Prüfgeometrien

Zur werkstofflichen Charakterisierung der Compounds wurden unterschiedliche Ausgangsgeometrien verwendet:

- eine spritzgegossene Platte 100 x 100 x 2 mm, an welcher am SKZ die Prüfkörper (s.o.) ausgestanzt wurden und
- eine extrudierte Folie der Dicke 1 mm am TITK, ebenfalls für die Herstellung der standardisierten Prüfkörper.

Die am SKZ spritzgegossene Platte ist in Abbildung 23 dargestellt. Sie enthält einen Kaltkanal am Ende eines dreieckigen Verteilerbereichs und einen 1 mm hohen, 3 mm langen Staubalken zur Vergleichmäßigung der Strömung.

Abbildung 23: Abmaße der verwendeten, spritzgegossenen Platte am SKZ

Die Entnahme der Probekörper durch Ausstanzen ist beispielhaft in Abbildung 24 dargestellt.

Abbildung 24: Verwendete Plattengeometrie mit beispielhafter Entnahme der Zugprüfkörper in Längsrichtung und der runden Prüfkörper für die Bestimmung des DVR

Die Prozessparameter, die beim Spritzgießen als geeignete Werte erarbeitet wurden, sind im Anhang dargestellt.

5.1.3.3 Eigenschaftsvergleiche

Die in der Wertetabelle dargestellten Daten für die auftretende mechanische Spannung bei 100, 200 und 300 % Dehnung wurde aus den vorliegenden Zugprüfkurven durch graphische Methoden gemittelt. Die Genauigkeit der Werte wird mit +/- 10 % abgeschätzt – dieser Fehler fließt jedoch in die Betrachtung der Compoundergebnisse nicht ein. Vielmehr soll verdeutlicht werden, dass die beiden Produktgruppen deutliche Unterschiede in ihren mechanischen Eigenschaften aufweisen. Bei vergleichbarer Härte verhalten sich die Produkte von Hersteller 1 steifer als die von Hersteller 2. Diese Unterschiede werden bei der Einschätzung der Ergebnisse berücksichtigt. In Abbildung 25 ist die graphische Mittelung der Zugprüfergebnisse dargestellt.

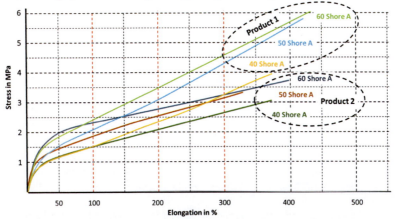

Abbildung 25: Darstellung der graphisch gemittelten Zug-Dehnungs-Ergebnisse der Materialien TPS

5.1.3.4 TSSR

Ähnliche Unterschiede wie beim Zugversuch können im Hinblick auf die Langzeiteigenschaften beobachtet werden. In Abbildung 26 ist der relative Verlauf der Kraft im TSSR-Versuch über der Temperatur dargestellt. Die Produkte von Hersteller 1 zeigen, unabhängig von der Härte, eine deutlich höhere Temperatur T_{50} als die Produkte von Hersteller 2. Aufgrund der Äquivalenz zwischen Temperatur und Zeit bedeutet dies, dass die ersten Compounds länger benötigen, um eine Abminderung der Kraft von 50% zu erreichen. Damit weisen höhere Temperaturen auf eine langsamere Spannungsrelaxation hin. Das Langzeitverhalten unterscheidet sich zudem sehr deutlich zwischen den beiden Herstellern.

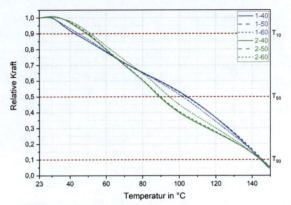

Abbildung 26: Vergleich des Temperaturverlaufs für die zwei Materialien mit jeweils 3 Härtebereichen

Da eine hohe Spannung und eine hohe Steifigkeit zusammen zu einer höheren elastischen Antwort führen, sollte eine langsame Spannungsrelaxation tendenziell mit einem besseren Rückstellverhalten einhergehen. Allerdings kann die von VENNEMANN berichtete Korrelation zwischen der Messgröße T_{50} und dem DVR-Wert in dieser Arbeit nicht eindeutig festgestellt werden [VENNEMANN2003]. Prinzipiell kann jedoch beobachtet werden, dass sich die TSSR-Kurven der beiden Hersteller bei einer Temperatur von ca. 65 °C kreuzen, was mit einem „Wechsel im Ranking" einhergeht. Während die Produkte von Hersteller 1 bei 23 °C geringfügig höhere DVR-Werte als Hersteller 2 haben, ändert sich das Verhältnis bei 70 °C und 100 °C.

Daraus zeigt sich, dass die Temperatur T_{50} nicht alleinig als Vergleichsgröße herangezogen werden sollte - der Gesamtverlauf der Kurve sollte auch berücksichtigt werden. Dies erfolgt mit der Berechnung des TSSR-Index wie in Abbildung 27 beispielhaft dargestellt. Wie in Kapitel 2 bereits beschrieben, wird die Fläche unterhalb der Messkurven ins Verhältnis zur Fläche des Quadrats („ideal elastisches Verhalten") gesetzt.

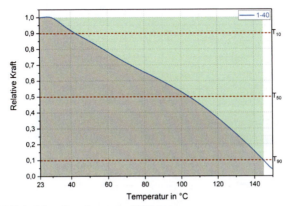

Abbildung 27: Beispiel zur Berechnung des TSSR-Indexes

Der TSSR-Index kann dann über der Temperatur T_{50} aufgetragen werden (siehe Abbildung 28), um ein besseres Ranking der Materialien zu erzielen. Alle 6 Compounds befinden sich in etwa auf einer Geraden. Je elastischer das Material, desto mehr rechts oben befindet sich der Messwert. Ein Vergleich mit Literaturdaten für unterschiedliche Elastomere und thermoplastische Elastomere in Abbildung 29 zeigt, dass die untersuchten TPS-Werkstoffe auch nach dem zusätzlichen Schritt der Nullcompoundierung ein für TPS typisches Langzeitverhalten zeigen. Zudem wird es deutlich, dass die beobachteten Unterschiede bezüglich T_{50} und TSSR-Index doch insgesamt sehr moderat im Vergleich zum Spektrum liegen, was aus der unterschiedlichen chemischen Struktur resultiert. Damit spielt das Langzeitverhalten der Compounds beim direkten Vergleich eine eher untergeordnete Rolle. Eigenschaften wie Härte und Steifigkeit spiegeln sich bei den Unterschieden des DVR-Werts deutlicher wider.

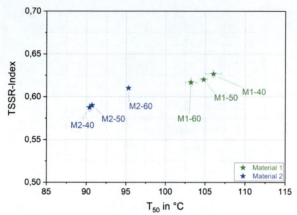
Abbildung 28: TSSR-Index-Vergleich zwischen den Materialien

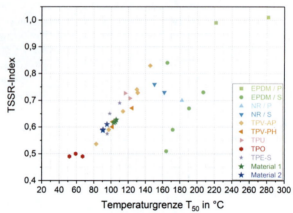
Abbildung 29: Vergleich mit Referenzdaten aus der Literatur [OLTMANNS2008]

5.1.3.5 Faserlage beim Spritzgießen

Besonders gut geeignet zur Einschätzung einer möglichen Faserausrichtung ist das gewählte Spritzgießwerkzeug, da im Staubalken beim Fließen der Schmelze die höchste Scherung im Prozess auftreten wird. Durch die transluzente Beschaffenheit in diesem Areal kann visuell mikroskopisch bestimmt werden, ob eine Faserausrichtung beim Spritzgießen auch in anderen Bereichen mit weniger Scherung zu erwarten ist. Zur Validierung der allgemeinen Einschätzung, dass im Staubalken die maximale Scherung im Prozess vorliegt, wurde am SKZ mittels der Software MoldFlow® (© Autodesk® MoldFlow®) eine Füllsimulation mit den Parametern aus dem Spritzgießprozess und unter Verwendung des für den Werkstoff „2-60" gültigen und in der Software verfügbaren Datensatzes durchgeführt. In Abbildung 30 ist die grundsätzliche Füllung und Form der Kavität dargestellt, die beispielhaft in drei Stufen von oben nach unten über einen Kaltkanal gefüllt wird (die Farben kennzeichnen die Füllzeit von blau = Beginn nach rot = Ende des Füllvorgangs).

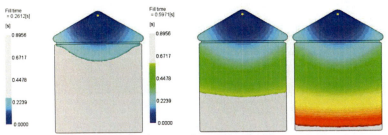

Abbildung 30: Fließsimulation der verwendeten Platten-Kavität

Die maximal auftretende Scherung wird der Simulation zufolge (siehe Abbildung 31) im unteren Bereich des Staubalkens angegeben. Diese Simulation stimmt mit der fachlichen Einschätzung eines solchen Füllvorgangs überein. Die absolute Höhe der Schergeschwindigkeit ist hierbei nicht ausschlaggebend. Die Tatsache, dass diese ein Maximum aufweist, soll qualitative Aussagen über die auftretende Faserausrichtung ermöglichen.

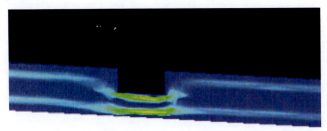

Abbildung 31: Ausschnitt des Staubalkenbereichs der Fließsimulation. Farblich dargestellt ist die Schergeschwindigkeit beim Füllvorgang (blau = gering, gelb = höher)

5.1.3.6 Faserwerkstoffe

Analog zu den Thermoplasten wurden auch die Faserwerkstoffe nach den hierfür gültigen Prüfmethoden definiert. Ihre Eigenschaften sind in Tabelle 3 aufgelistet.

Tabelle 3: Werkstoffkennwerte der Fasern

Materialbeschreibungen Fasern		STW S	STW F	STW H	C Spule 2	C Spule 4	Rhenogran WPD-70 SBR
Faserstärke	µm	20 - 400	10 - 500	n.a.	n.a.	n.a.	Liegt vor als ein SBR-Holzzellstoff-Compound mit 70 % Zellstoffgehalt
Dichte	g/cm³	1,16	1,40 - 1,50	1,48 - 1,50	1,50	1,50	
Mahlung	Kennzahl	250	400	400	n.a.	n.a.	
Faserlänge	Mittel mm	2,0	2,0	2,0	3,4	3,4	
Schüttgewicht	g/l	250	50	110	-	-	
Feinheitsfestigkeit	cN/tex	30 - 45	50 - 55	35 - 70	42,1	42,7	
Zugfestigkeit	MPa	350 - 530	420 - 770	500 – 1.000	632	641	
Höchstkraftdehnung	%	2,0 - 3,0	1,5 - 4,0	1,0 - 6,0	8,4	8,5	

5.2 AP 2: Integration von kommerziellem Kurzschnitt

5.2.1 Allgemeines

Prozesse zu bewerten und zu analysieren, erfordert unter anderem die Kenntnis ihrer grundsätzlichen Grenzbereiche. Hierfür wird vor der Erstellung von zum Beispiel Statistischen Versuchsplänen ein sog. „Screening" durchgeführt. Am SKZ lief dieses Screening durch die Verwendung von Zweischneckenknetern der Baureihen „18 und 26 mm Schneckendurchmesser" mit anschließendem Spritzgießen der Granulate. Am TITK wurden unterschiedliche Direktextrusions- und Compoundierverfahren untersucht.

5.2.2 Screening der Compoundherstellung am Zweischneckenextruder

Unter Verwendung der oben beschriebenen Verfahrenstechnik wurden am SKZ die ersten Compounds der Screening-Reihe hergestellt. Um eine visuelle Beurteilung der Faserverteilung durchführen zu können, wurde die Matrix „2-60" (Hersteller 2, Härtebereich 60 Shore A) verwendet. Das TITK bereitete folgende Fasermaterialien für die Verarbeitung am SKZ vor:

- Polyester-Kurzschnitt, RFL-imprägniert, in den Längen 1 mm und 2 mm (vom STW)

- hochfester, gezwirnter Polyester-Cord, roh und RFL-imprägniert („Spule 2 und 4")
- erste Mengen wurden im TITK auf 3,4 mm geschnitten und dem SKZ für Verarbeitungsversuche zur Verfügung gestellt; weitere Mengen wurden im STW auf 1 mm und 2 mm geschnitten und ebenfalls dem SKZ übergeben
- „gummifreundlich" ausgerüstete Kurzschnitte RHENOGRAN (WPH-65 EPDM und WPD-70 SBR), in kleineren Mengen für die ersten Reihen, dann noch einmal eine größere Menge für die systematischen Versuche.

In Tabelle 4 finden sich die Zusammensetzungen der Screening-Compounds. Betrachtet wurde auch, ob der Zugabeort (Haupteinzug oder Seitendosierung) der geringen Mengen an Fasern eine sofort sichtbare Wirkung hat und ob dieser Parameter mit in die später auszuführende Versuchsplanung aufgenommen werden soll.

Tabelle 4: Screening-Rezepturen am SKZ für die ersten Compoundierungen

Nr.	2-60 [Gew.-%]	C Spule 4 [Gew.-%]	Rhenogran WPD-70 SBR [Gew-%)]	Einzug: Haupt(H) Seite (S)
.001	99,5	0,5		H
.002	99,0	1,0		H
.003	99,5	0,5		S
.004	99,0	1,0		S
.006	98,0	2,0		H
.007	95,0	5,0		H
.008	99,0		1	H
.009	98,0		2	H
.010	90,0		10	H

Die bereitgestellten Fasermaterialien „Rhenogran" und „Spule 4" konnten durch die Vorbereitung am TITK ohne Probleme in die Compoundierlinie zudosiert werden. Zum Einsatz kam eine gravimetrische Dosieranlage (Typ „ISC-CM", BRABENDER TECHNOLOGIE GMBH & CO. KG, Duisburg). Die Anwendung auf der Extrusionslinie erfolgte wie in Abbildung 32 dargestellt.

Abbildung 32: Austrag der gravimetrischen Dosierung ISC-CM an der Compoundierlinie

Der Gesamtaufbau der Anlage (mit der weiteren Komponente einer Unterwassergranulierung Typ SPHERO 50 der MAAG Germany GmbH, Großostheim) ist in Draufsicht in Abbildung 33 dargestellt.

Abbildung 33: Gesamtaufbau der Compoundierlinie inkl. Dosierungen und Unterwassergranulierung

Die werkstofflichen Analysen wurden durchgeführt, inkl. einer phänomenologischen Betrachtung der Faserlage im Bauteil. In Abbildung 34 ist ein makroskopischer und ein mikroskopischer Blick auf eine mittels Spritzgießen hergestellte Prüfplatte dargestellt.

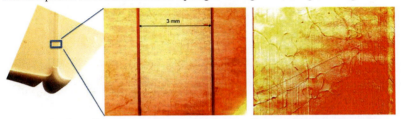

Abbildung 34: Darstellung eines zur Platte spritzgegossenen Compounds aus dem Screening

Die visuelle Auswertung der Faserlage durch Betrachtung im Durchlichtmikroskop ergab, dass die langen und biegsamen Fasern keine Ausrichtung aufweisen, weder in Fließrichtung noch senkrecht dazu. Die Fasern erscheinen gleichmäßig verteilt, aber keiner Richtung unterliegend.

Der mechanische Einfluss der Fasern zeigte sich stark abhängig vom Faseraufbau (Faserart und Beschichtung). Ein Anteil von 10 Gew.-% der Rhenogranfasern führte im Material „2-60" kaum zu einer Beeinflussung des Zug-Dehnungsverhaltens, während bei der Faser „Spule 4" nicht nur eine sehr ungleichmäßige Beeinflussung, sondern zu einem großen Teil auch eine deutliche Versprödung des Compounds einsetzte. In Abbildung 35 ist das grundsätzliche Verhalten der Compounds, vergleichmäßigt in graphischer Mittelung, dargestellt („Rhenogran" = R, „Spule 4" = S).

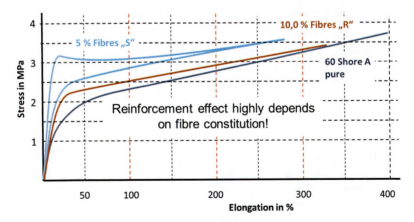

Abbildung 35: Einflüsse der Faserarten auf das Zug-Dehnungsverhalten in Material 2-60

Die Screening-Rezepturen wurden zudem auf die weiteren Kennwerte geprüft. Hierbei ergab sich das Gesamtbild, dass eine Fasermodifizierung nicht unmittelbar eine deutliche Verschiebung der Werte in die gewünschten Bereiche erzeugte.

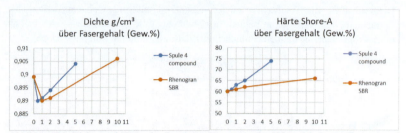

Abbildung 36: Dichte und Härte der Screening-Rezepturen in Abhängigkeit von Faserart und Fasergehalt

Dichte und Härte waren zudem deutlich von der Art der Faser in der Rezeptur abhängig (siehe Abbildung 36). Die Tatsache, dass die Compounddichte bei Faseranteilen unterhalb von 5 bis 7 % niedriger ist als die Werkstoffdichte des TPS, muss näher untersucht werden, da ein rechnerischer Mischungsansatz hierbei versagt.

Abbildung 37: Druckverformungsrest bei Normklima, 70 und 100 °C in Abhängigkeit von Faserart und Fasergehalt

Die gemessenen Druckverformungsreste zeigten insgesamt höhere Werte und waren ebenfalls stark abhängig von Faserart und -gehalt (siehe Abbildung 37). Die Vorversuche zeigten jedoch auch, dass es keine grundsätzliche Abhängigkeit des DVR vom Fasergehalt gibt.

Die Screeningversuche erwiesen sich als geeignet, die Verfahrenstechnik auf Funktionalität zu prüfen, die Prozessführung zu präzisieren und die Parameterstufen für die weiteren Arbeiten zu bestimmen.

Das Screening legte somit die Grundlage für den im weiteren Verlauf durchzuführenden Statistischen Versuchsplan und die Erarbeitung der detaillierten werkstofflichen Zusammenhänge zwischen Rezeptur und mechanischem Verhalten der Compounds.

5.2.3 Folien-Direktcompoundierung und Haftvermittler (AP 5)

Die direkte Compoundierung von TPS-Granulat mit Kurzschnitt und die Ausformung als ca. 1 mm dicke Folie lief als erstes Screening am TITK.

Für die erste Versuchsserie wurden entsprechend der jeweiligen experimentellen Ansätze TPS-Granulate (1-40, 1-50 und 1-60) mit den Fasern vorgemischt und anschließend am Laborextruder unter den Bedingungen entsprechend Kapitel 2 verarbeitet.

Beim Compoundieren

- führten lediglich die 6 mm langen Rayonfasern im Einzug zu Schwierigkeiten,
- ließen sich sämtliche andere Fasern gut mit dem Granulat vormischen (insbesondere die PES-Kurzschnitte durch ihre elektrostatische Haftung an den TPE-Granulatkörnchen) und problemlos zu Folien ausziehen;
- lag vom visuellen Eindruck her eine gleichmäßige Faserverteilung vor.

Die Ergebnisse des Zugversuchs an den längs in Folien-Laufrichtung ausgestanzten Prüfstäben sind in Tabelle 5 bis Tabelle 7 zusammengestellt.

Der für die Faserverstärkung wichtigste Parameter ist die Spannung bei niedrigen Dehnungen; Abbildung 38 bis Abbildung 40 veranschaulichen diese Werte in Abhängigkeit von Fasertyp und -gehalt.

Zusammengefasst ergibt sich folgendes Bild:
- Die geringe Schwankungsbreite der Prüfwerte unterstützt den visuellen Eindruck einer gleichmäßigen Faserverteilung.
- Mit steigender Faserkonzentration nehmen
- die Spannung bei niedriger Dehnung und die Härte zu,
- die Zugfestigkeit und die Dehnung bei Zugfestigkeit ab;
- bei fasergefülltem Gummi gibt es ähnliche Zusammenhänge [NECHWATAL2008].

Die Fasern unterscheiden sich in ihrem Verstärkungseffekt deutlich – der PES-Schnitt und das „Aramid-Rhenogran" hebt sich von den anderen Rhenogran-Typen ab.

- Die drei unterschiedlichen TPS-Typen unterscheiden sich hinsichtlich der relevanten Fasereffekte kaum.
- Die Faser mit einer größeren Länge – der Rayon-Cord 6 mm – führt, ebenfalls in Analogie zum Gummi, zu einer weit höheren Versteifung.
- Der Einsatz eines zusätzlichen Weichmachers (hier Weißöl, siehe Tabelle 6), bewirkt keine nennenswerten Änderungen im Prozess oder bei den Eigenschaften.

Tabelle 5: Zug-Dehnungs-Verhalten (in Laufrichtung) und Härte von fasergefüllten Folien aus TPS 1-40

Zusatz zum TPS 1-40		Spannung b. Dehnung			Zug-festigkeit [MPa]	Dehnung bei Zug-festigkeit [%]	Härte [Shore A]
Typ	Menge [Masse-%]	5 % [MPa]	10 % [MPa]	50 % [MPa]			
ohne	-	0,26	0,39	0,88	6,15	553	41
PES 1 mm	2	0,35	0,55	1,00	4,90	477	49
	4	0,42	0,68	1,10	4,87	484	51
	6	0,51	0,83	1,20	4,22	410	53
	8	0,59	0,96	1,31	4,30	422	55
	10	0,64	1,02	1,34	3,96	390	56
Rheno-gran 1	1	0,35	0,58	1,48	5,55	471	47
	2	0,39	0,68	1,60	5,15	441	50
	4	0,44	0,85	2,29	4,17	332	51
	6	0,48	0,90	2,74	3,41	209	57
	10	0,57	1,16	3,61	3,65	47	62
Rheno-gran 2	1	0,27	0,40	0,98	6,04	435	44
	2	0,29	0,45	1,07	4,65	411	45
	4	0,33	0,53	1,31	5,07	468	48
	6	0,38	0,62	1,48	4,75	440	51
	10	0,48	0,83	1,89	4,15	376	56
Rheno-gran 3	1	0,27	0,39	0,89	5,85	489	43
	2	0,29	0,44	0,93	6,01	527	43
	4	0,34	0,52	1,01	5,48	518	47
	6	0,35	0,58	1,06	4,94	494	49
	10	0,44	0,69	1,14	4,28	438	50

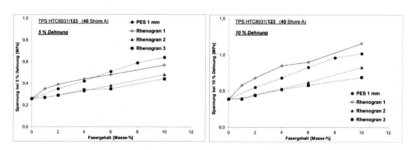

Abbildung 38: Fasergefüllte TPS 1-40: Spannungen bei niedrigen Dehnungen

Darstellung und Diskussion der Ergebnisse

Tabelle 6: Zug-Dehnungs-Verhalten (in Laufrichtung) und Härte von fasergefüllten Folien aus TPS 1-50

Zusatz zum TPS 1-50		Spannung b. Dehnung			Zug-festigkeit [MPa]	Dehnung bei Zug-festigkeit [%]	Härte [Shore A]
Typ	Menge [Masse-%]	5 % [MPa]	10 % [MPa]	50 % [MPa]			
ohne	-	0,32	0,48	1,21	9,49	612	53
	-	0,34	0,51	1,18	8,54	595	53
nur Weißöl	2	0,33	0,50	1,20	8,69	561	53
	4	0,32	0,49	1,14	7,84	548	53
PES 1 mm	2	0,53	0,83	1,38	6,13	421	54
	4	0,65	1,00	1,51	6,33	649	57
	6	0,71	1,11	1,59	5,83	422	60
	8	0,82	1,21	1,64	5,36	392	63
	10	0,92	1,33	1,68	5,00	371	63
Weißöl + PES 1 mm	2	0,51	0,79	1,36	6,51	479	55
		0,51	0,79	1,36	6,51	479	55
Rayon 6 mm	4	1,10	1,69	2,29	5,23	351	67
	8	1,42	2,38	3,08	3,73	163	69
Weißöl + Rayon	2	0,43	0,67	1,34	6,62	477	54
Rhenogran 1	1	0,41	0,76	1,62	8,08	535	53
	2	0,43	0,72	1,60	8,31	547	56
	4	0,57	1,08	2,39	6,98	460	57
	6	0,61	1,15	2,49	6,77	435	59
	10	0,77	1,55	3,51	4,85	258	62
Rhenogran 2	1	0,36	0,56	1,29	7,84	525	53
	2	0,38	0,60	1,44	7,48	495	53
	4	0,42	0,67	1,51	7,58	511	54
	6	0,53	0,86	1,81	6,23	449	59
	10	0,65	1,08	2,14	5,61	402	61
Rhenogran 3	1	0,38	0,58	1,24	8,11	539	53
	2	0,38	0,60	1,31	6,60	465	54
	4	0,42	0,67	1,35	7,10	503	55
	6	0,51	0,81	1,41	5,75	435	57
	10	0,67	1,07	1,62	5,57	428	58

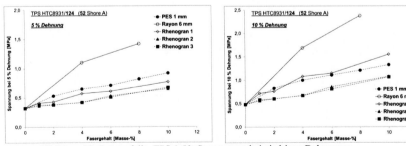

Abbildung 39: Fasergefüllte TPS 1-50: Spannungen bei niedrigen Dehnungen

Tabelle 7: Zug-Dehnungs-Verhalten (in Laufrichtung) und Härte von fasergefüllten Folien aus TPS 1-60

Zusatz zum TPS 1-60		Spannung b. Dehnung			Zug-festigkeit [MPa]	Dehnung bei Zug-festigkeit [%]	Härte [Shore A]
Typ	Menge [Masse-%]	5 % [MPa]	10 % [MPa]	50 % [MPa]			
ohne	-	0,43	0,64	1,45	8,67	565	57
PES 1 mm	2	0,57	0,87	1,62	7,01	470	60
	4	0,67	1,08	1,75	5,92	397	62
	6	0,81	1,27	1,87	6,11	418	64
	8	0,85	1,30	1,91	5,54	390	65
	10	0,94	1,43	1,96	4,96	343	67
Rheno-gran 1	1	0,50	0,83	1,88	7,02	479	58
	2	0,52	0,90	2,31	6,26	415	59
	4	0,62	1,15	3,05	5,25	328	60
	6	0,72	1,44	3,32	5,14	297	63
	10	0,84	1,72	4,56	4,79	38	68
Rheno-gran 2	1	0,46	0,71	1,58	7,57	510	57
	2	0,48	0,76	1,63	6,39	435	59
	4	0,55	0,86	1,81	5,75	398	62
	6	0,64	1,04	2,05	5,70	392	63
	10	0,83	1,36	2,30	4,46	306	64
Rheno-gran 3	1	0,44	0,67	1,45	6,75	473	58
	2	0,47	0,72	1,47	6,20	436	59
	4	0,53	0,80	1,53	6,30	437	60
	6	0,56	0,85	1,58	6,09	428	62
	0	0,78	1,12	1,67	5,15	380	64

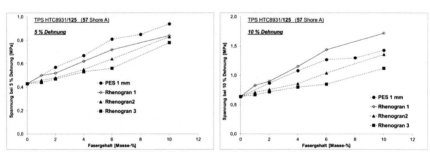

Abbildung 40: Fasergefüllte TPS 1-60: Spannungen bei niedrigen Dehnungen

In einer zweiten Serie wurden diese Versuche wiederholt, um die Reproduzierbarkeit von Verfahren und erreichten Parametern zu überprüfen:
- mit RFL-imprägniertem PES-Cord 1 mm und 2 mm Länge sowie
- mit einem PA-Cord kurzer Länge (ca. 0.15 mm)

Da hier weitgehend gleiche Entwicklungen wie in der ersten Serie zu beobachten waren, sei auf die Darstellung verzichtet.

Außerdem wurde in diesem Zusammenhang ein Compound aus TPS 1-50 und 5 % Rhenogran 1 durch die Lochdüse (1 mm) zu Strängen extrudiert, was keinerlei Probleme bereitete.

In einem abschließenden dritten Screening mit dem TPS-Typ 1-50 wurden zudem verwendet:
- neu von STW gelieferter PES-Kurzschnitt (und zwar das Material, das auch im SKZ beim Statistischen Versuchsplan mit einfloss), sowie
- Kurzschnitt aus RFL-imprägniertem Rayon-Cord „Spule 4" in zwei Längen, geschnitten im STW (der ebenfalls im SKZ Verwendung fand),
- bei zum Teil höheren Faserkonzentrationen; außerdem – als orientierender Versuch – auch Haftvermittler.

Die Messergebnisse sind im Gesamtzusammenhang in Tabelle 8 und Tabelle 9 sowie in Abbildung 41 bis Abbildung 44 dargestellt.

Tabelle 8: Zug-Dehnungs-Verhalten (in Laufrichtung) und Härte von fasergefüllten Folien TPS 1-50

Zusatz zum TPS 1-50		Spannung b. Dehnung			Zug-festigkeit [MPa]	Dehnung bei Zug-festigkeit [%]	Härte [Shore A]
Typ	Menge [Masse-%]	5 % [MPa]	10 % [MPa]	50 % [MPa]			
ohne	-	0,37	0,55	1,22	9,32	482	52
PES 1 mm	4	0,48	0,72	1,40	5,63	345	58
	7	0,67	0,97	1,44	5,16	339	61
	10	0,76	1,06	1,47	4,74	311	64
	12	0,70	1,03	1,55	4,79	313	68
	15	0,81	1,14	1,54	3,91	270	71
Rheno-gran 2	4	0,52	0,82	1,70	6,12	365	54
	7	0,46	0,73	1,65	5,02	323	60
	10	0,47	0,75	1,65	5,48	345	63
	12	0,73	1,20	2,33	4,69	285	69
	15	0,85	1,43	2,48	4,30	260	72
Rayon Spule 4 1 mm	4	0,73	1,08	1,53	6,05	362	64
	7	0,96	1,29	1,65	5,16	322	67
	10	1,39	1,98	2,10	4,57	268	73
	12	1,60	2,04	2,01	4,79	289	75
	15	1,64	2,41	2,31	4,11	253	77
Rayon Spule 4 2 mm	4	1,24	1,86	2,07	5,41	325	70
	7	1,61	2,23	2,13	5,15	313	75
	10	2,21	2,89	2,82	4,06	213	77
	12	2,58	3,45	2,84	3,85	215	79
	15	2,48	3,73	3,35	3,78	11	81

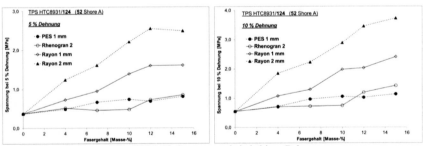

Abbildung 41: Fasergefüllte TPS 1-50: Spannungen bei niedrigen Dehnungen

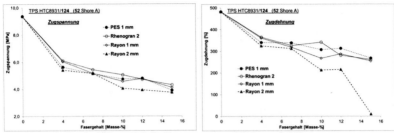

Abbildung 42: Fasergefüllte TPS 1-50: Zugspannung und Dehnung bei Zugspannung

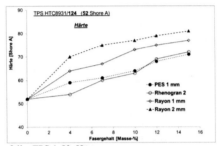

Abbildung 43: Fasergefüllte TPS 1-50: Härte

Tabelle 9: Zug-Dehnungs-Verhalten (in Laufrichtung) und Härte von fasergefüllten Folien aus TPS 1-50 und 7 % Kurzschnitt sowie Zusätzen von Haftvermittlern

Zusatz zum TPS 1-50		Spannung b. Dehnung			Zug-festigkeit [MPa]	Dehnung bei Zug-festigkeit [%]	Härte [Shore A]
Faser 7 %	Haftvermittler [Masse-%]	5 % [MPa]	10 % [MPa]	50 % [MPa]			
ohne	-	0,37	0,55	1,22	9,32	482	52
PES 1 mm	ohne	0,67	0,97	1,44	5,16	339	61
	Resorcin / Hexa je 0,5 %	0,63	0,99	1,73	4,13	327	62
	Resorcin / Hexa je 1,0 %	0,75	1,20	2,24	4,75	283	62
	MAH-PP 1,0 %	0,59	0,94	1,54	6,43	365	63
Rheno-gran 2	ohne	0,46	0,73	1,65	5,02	323	60
	Resorcin / Hexa je 0,5 %	0,76	1,25	2,35	4,46	259	62
	Resorcin / Hexa je 1,0 %	0,49	0,73	1,61	5,05	318	61
	MAH-PP 1,0 %	0,73	1,15	2,41	4,69	265	62

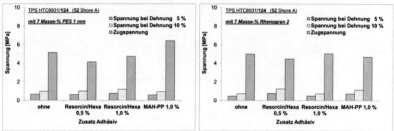

Abbildung 44: Fasergefüllte TPS 1-50: Einfluss von Haftvermittlern auf die Spannung

In Abbildung 41 bis Abbildung 44 sowie Tabelle 8 und Tabelle 9 bestätigen sich die bereits oben getroffenen Aussagen:
- Die Folien wiesen schon vom visuellen Bild her eine gute Verteilung auf. Unterstützt wird dieser Eindruck durch die niedrigen Variationskoeffizienten der Messwerte.
- In der Erhöhung der Spannung bei niedrigen Dehnungen hebt sich das geschnittene Rayongarn mit RFL-Dip („Spule 4") vom PES-Kurzschnitt ab.
- Der Kurzschnitt mit 2 mm Länge (Rayon „Spule 4") beeinflusst die Folienparameter eindrucksvoller als die kürzeren Fasern.
- Zugspannung und Dehnung bei Zugspannung verringern sich mit wachsender Faserkonzentration, wobei sich die einzelnen Fasertypen recht wenig unterscheiden.
- Die Härte steigt bei sämtlichen Fasertypen mit der Konzentration stetig an. Es besteht offensichtlich ein Zusammenhang zwischen dem Effekt des jeweiligen Fasertyps auf die (Zug-)Versteifung und auf die Verhärtung.
- Die ausgewählten Haftvermittler führen im Fall von 0,5 % des Systems Resorcin/ Hexamethylentetramin bei Rhenogran-2 auch mit MAH-PP, zwar zu einer tendenziellen Erhöhung der Fasereffekte. Diese Steigerungen fallen jedoch so gering aus, dass hier der Einsatz zusätzlicher Fremdchemikalien nicht rechtfertigt ist.

Mit den bisher dargestellten Untersuchungen ist nachgewiesen, dass – wie bei Gummi – auch beim TPS bereits geringe Mengen an kurzen Fasern zu einer deutlichen Versteifung führen.

Interessant war nun, ob sich diese Versteifung auch auf die Widerstandsfähigkeit des TPE gegen Wärme und gegen äußeren Druck auswirkt. Zwar sind bei Folien die Möglichkeiten für derartige Prüfungen eingeschränkt, dennoch erschienen die nachfolgenden Messungen (Zugspannung bei höherer Temperatur und Druckverformungsrest) interessant.

Tabelle 10 und Abbildung 45 zeigen, wie sich die Spannung der (aus den Folien ausgestanzten) Prüfstäbe bei 80°C verhält; Messungen bis hin zu höheren Dehnungen sind hier wegen der Dimension der Wärmekammer nicht möglich. Als Kernaussage ist festzuhalten: Bei höherer Temperatur fällt zwar die Steifigkeit des TPS trotz

Faserverstärkung ab, sie verbleibt aber auch dann deutlich über dem Niveau des reinen TPE.

Tabelle 10: Spannung bei niedriger Dehnung (in Laufrichtung) von fasergefüllten Folien aus TPS 1-50; Vergleich 23°C / 80°C

Zusatz zum TPS		Spannung b. Dehnung [MPa]			
Typ	Menge [Masse-%]	5 %		10 %	
		23°C	80°C	23°C	80°C
ohne	-	0,37	0,36	0,55	0,46
PES 1 mm	4	0,48	0,47	0,72	0,63
	7	0,67	0,53	0,97	0,70
	10	0,76	0,57	1,06	0,76
	12	0,70	0,53	1,03	0,88
	15	0,81	0,65	1,14	0,72
Rheno-gran 2	4	0,52	0,43	0,82	0,60
	7	0,46	0,44	0,73	0,65
	10	0,47	0,53	0,75	0,66
	12	0,73	0,52	1,20	0,80
	15	0,85	0,71	1,43	1,14
Rayon Spule 4 1 mm	4	0,73	0,62	1,08	0,84
	7	0,96	0,75	1,29	1,08
	10	1,39	0,83	1,98	1,23
	12	1,60	1,00	2,04	1,47
	15	1,64	1,20	2,41	1,49

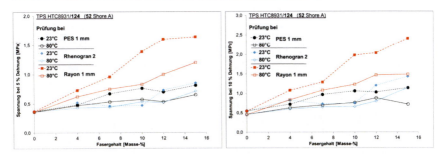

Abbildung 45: Fasergefüllte TPS 1-50: Spannungen bei niedrigen Dehnungen (in Laufrichtung Folie)   Vergleich Messungen bei 23°C und 80°C

Weiterhin wurde versucht, mit (aus den Folien ausgestanzten) Stäben, DMTA-Messungen über Torsionstests im Bereich 30 bis 140°C durchzuführen. Dazu steht im TITK ein Rheometer MARS der Firma Haake zur Verfügung. Vermutlich wegen der geringen Steifigkeit des Materials ließen sich keine reproduzierbaren Ergebnisse gewinnen. Eine Alternative bei der DTMA-Analyse ist der dynamische Zugversuch. An einem entsprechenden Gerät (GABO-Eplexor) wurden beispielhaft drei verschiedene Proben (siehe Tabelle 11) vermessen. Die Resultate sind in Abbildung 46 bis Abbildung 49 dargestellt.

Tabelle 11: Folienstäbe für die DMTA-Messungen am GABO-Explexor

TPS-Typ	Zusatz	Härte der Folie [Shore A]	Ansatz für die Prüfung
1-50	ohne	57	Vergleich: TPS ohne Faser
1-50	4 % PES 1 mm	62	TPS mit Faser → zwangläufig erhöhte Shore-Härte
1-40	4 % PES 1 mm	57	weicheres TPS, das durch Faser auf die Härte des Vergleichs-TPS gebracht wurde → Vergleich von Materialien mit Shore-Härten auf gleichem Niveau

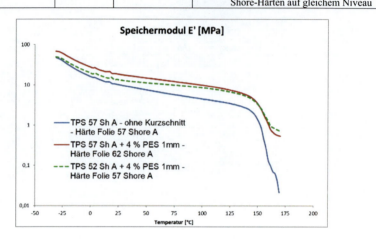

Abbildung 46: Speichermodul aus DMTA-Messungen an TPS-Stäben (in Laufrichtung Folie) Vergleich von Folien ohne/mit Fasern

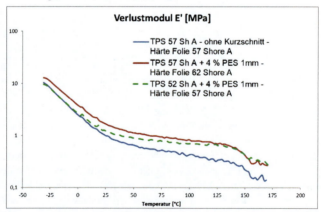

Abbildung 47: Verlustmodul aus DMTA-Messungen an TPS-Stäben (in Laufrichtung Folie), Vergleich von Folien ohne/mit Fasern

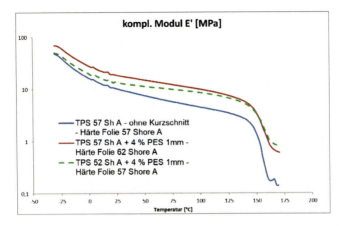

Abbildung 48: Komplexer Modul aus DMTA-Messungen an TPS-Stäben (in Laufrichtung Folie) Vergleich von Folien ohne/mit Fasern

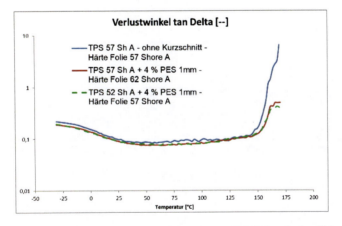

Abbildung 49: Verlustwinkel aus DMTA-Messungen an TPS-Stäben (in Laufrichtung Folie) Vergleich von Folien ohne/mit Fasern

Man erkennt in Abbildung 46 bis Abbildung 49, dass beim Speicher-, Verlust- und komplexen Modul die Kurve des reinen TPS deutlich unterhalb der beiden faserverstärkten Varianten liegt.

Ein derartiger Befund lässt sich so interpretieren, dass die Faserverstärkung über den gesamten Temperaturbereich eine höhere Steifheit des Materials verursacht. Dies bekräftigt die Aussagen aus den Spannungsmessungen bei 80°C (siehe Tabelle 10, Abbildung 45).

Betrachtet man die Verlustwinkel (Abbildung 49), so liegt die Kurve des reinen TPS zwar nur geringfügig über den beiden Faser-Varianten, steigt aber bereits bei niedrigerer

Temperatur und viel steiler an. Auch dies spricht für tendenziell höhere Erweichungstemperaturen bei den fasergefüllten Varianten.

Interessant erscheint vor allem der Vergleich der beiden Ansätze

„(härteres) TPS ohne Faser" <-> „weicheres TPS, durch Fasern auf die gleiche Härte gebracht"

auch hier liegt die Faser-modifizierte Variante in der Erweichung vorteilhafter!

Der andere, für TPS besonders wichtige Parameter ist der Druckverformungsrest. Tabelle 12 enthält dazu Messungen an Folien. Die Werte streuen recht stark, da die Prüfkörper aus übereinander gelegten Folienschichten bestanden. Dennoch lässt sich klar erkennen, dass der Druckverformungsrest mit zunehmender Faserverstärkung ansteigt – und zwar parallel zur mechanischen Versteifung. Kurzschnitt scheint das Druckverformungsverhalten also zu verschlechtern!

Wie jedoch nachfolgende Untersuchungen zeigten, dürfte dieses Phänomen – genauso wie beim Gummi – mit dem Winkel der Fasern zum beaufschlagten Druck zusammenhängen (Abschnitt 3.4.2).

Tabelle 12: Druckverformungsrest (72 h, 70°C) von fasergefüllten Folien aus TPS 1-50

Probe	TPS ohne Fasern	TPS mit 10 Masse-% PES 1 mm	TPS mit 10 Masse-% Rhenogran 2	TPS mit 10 Masse-% Rayon 1 mm	TPS mit 10 Masse-% Rayon 2 mm
Einzelwerte	35,8	58,5	49,5	67,4	80,7
	40,8	57,8	49,7	65,8	72,6
	40,5	56,8	49,5	65,7	76,1
	39,9	55,7	51,4	65,1	79,7
Mittelwert	39,3	57,2	50,0	66,0	77,3
Streuung	2,3	1,2	0,9	1,0	3,6

Weiterhin wichtig ist, ob ein Faserzusatz die dynamische Beständigkeit des TPE-Compounds beeinträchtigt. In den Untersuchungen dazu wurden aus den Folien jeweils Streifen zu 1 cm Breite ausgeschnitten und einem zyklischen Knicktest (in Anlehnung an ASTM D 430 (2006)) unterworfen. Die Auswertung erfolgte visuell sowie über einen Zugversuch.

Bei sämtlichen Tests der ersten Serie (Tabelle 5 bisTabelle 7) waren die geknickten Streifen nicht oder kaum geschädigt:

- Visuell ließen sich keine Veränderungen an der Oberfläche zu erkennen;

vergleicht man die Parameter der Zugprüfungen in

Tabelle 13 bis Tabelle 15, so liegen die Werte der geknickten Probe weitgehend im Ausgangsniveau.

Ausnahmen bilden lediglich die beiden Varianten mit dem 6 mm langen Rayon-Cord.

Tabelle 13: Zyklische Knicktests von fasergefüllten Folien aus TPS 1-40; Prüfung an 10 mm breiten Streifen – vor bzw. nach 200.000 Knickzyklen

Zusatz zum TPS		Spannung b. Dehnung						Zugfestigkeit [MPa]		Dehnung bei Zugfestigkeit [%]	
Typ	Menge [Masse-%]	5 % [MPa]		10 % [MPa]		50 % [MPa]					
		vor	nach	vor	nach	vor	nach	vor	nach	vor	nach
ohne	-	0,25	0,25	0,35	0,35	0,73	0,73	4,44	4,92	592	669
PES 1 mm	2	0,35	0,36	0,53	0,54	0,87	0,87	4,52	4,34	646	637
	4	0,40	0,47	0,61	0,74	0,94	1,04	3,99	3,72	589	596
	6	0,52	0,42	0,81	0,64	1,13	0,98	4,06	4,50	610	639
	8	0,61	0,61	0,93	0,95	1,17	1,23	3,73	3,93	578	605
	10	0,66	0,68	1,02	1,05	1,31	1,33	3,59	3,69	550	592
Rheno-gran 1	1	0,26	0,26	0,38	0,38	0,77	0,77	4,85	4,79	655	664
	2	0,28	0,27	0,40	0,40	0,81	0,79	4,78	3,99	661	582
	4	0,32	0,33	0,48	0,49	0,89	0,91	3,72	3,92	555	583
	6	0,41	0,39	0,62	0,60	1,03	1,01	3,96	3,91	596	603
	10	0,43	0,43	0,65	0,65	1,04	1,05	3,86	3,59	597	552
Rheno-gran 2	1	0,26	0,27	0,37	0,38	0,79	0,82	4,57	4,60	650	630
	2	0,27	0,28	0,40	0,42	0,89	0,92	4,50	4,49	633	622
	4	0,30	0,31	0,45	0,46	1,00	1,01	4,45	3,70	632	544
	6	0,35	0,35	0,54	0,55	1,22	1,23	4,05	3,04	597	450
	10	0,50	0,49	0,81	0,80	1,73	1,74	3,23	3,27	501	523
Rheno-gran 3	1	0,33	0,33	0,54	0,51	1,11	1,06	5,27	4,63	692	667
	2	0,35	0,35	0,57	0,59	1,30	1,35	4,73	4,37	675	610
	4	0,37	0,37	0,61	0,61	1,53	1,56	3,96	4,12	588	571
	6	0,49	0,46	0,86	0,83	2,22	2,17	3,29	2,93	420	337
	10	0,59	0,61	1,14	1,18	3,35	3,48	3,40	3,54	68	66

Tabelle 14: Zyklische Knicktests von fasergefüllten Folien aus TPS 1-50: Prüfung an 1 cm breiten Streifen – vor bzw. nach 200.000 Knickzyklen

Zusatz zum TPS		Spannung b. Dehnung						Zugfestigkeit [MPa]		Dehnung bei Zugfestigkeit [%]	
Typ	Menge [Masse-%]	5 % [MPa]		10 % [MPa]		50 % [MPa]					
		vor	nach	vor	nach	vor	nach	vor	nach	vor	nach
ohne	-	0,32	0,32	0,47	0,47	0,98	0,99	7,23	7,00	706	708
PES 1 mm	2	0,56	0,54	0,84	0,81	1,28	1,22	6,67	6,00	671	650
	4	0,63	0,61	0,97	0,94	1,40	1,33	6,47	5,70	650	624
	6	0,77	0,76	1,15	1,14	1,51	1,48	5,51	5,24	591	586
	8	0,81	0,84	1,22	1,24	1,58	1,56	5,33	5,37	583	607
	10	0,95	0,96	1,39	1,40	1,67	1,66	5,13	5,27	574	601
Rhenogran 1	1	0,34	0,35	0,51	0,52	1,04	1,06	4,74	6,26	495	639
	2	0,39	0,40	0,59	0,60	1,14	1,14	6,46	6,22	692	656
	4	0,43	0,42	0,67	0,65	1,26	1,23	5,72	6,49	592	683
	6	0,54	0,52	0,84	0,80	1,36	1,33	5,90	5,25	622	570
	10	0,68	0,66	1,05	1,02	1,50	1,45	5,52	4,70	640	571
Rhenogran 2	1	0,35	0,35	0,53	0,53	1,09	1,10	6,67	6,42	659	643
	2	0,37	0,37	0,56	0,56	1,17	1,17	6,27	5,73	580	640
	4	0,42	0,45	0,66	0,70	1,36	1,45	5,67	6,37	640	672
	6	0,53	0,54	0,85	0,88	1,68	1,75	5,14	5,12	609	581
	10	0,66	0,67	1,06	1,06	2,00	2,02	4,66	4,51	534	504
Rhenogran 3	1	0,40	0,41	0,64	0,64	1,25	1,25	7,48	6,36	771	655
	2	0,43	0,43	0,67	0,69	1,32	1,34	6,54	6,61	679	697
	4	0,57	0,57	0,96	0,98	1,92	1,94	5,68	5,91	620	650
	6	0,65	0,67	1,18	1,22	2,59	2,64	5,35	5,32	611	610
	10	0,72	0,72	1,27	1,28	2,47	2,54	3,58	3,02	313	207
Rayon 6 mm	4	1,64	1,37	2,37	1,85	2,91	2,77	3,89	4,16	319	375
	8	2,27	1,39	3,29	1,87	3,75	2,83	3,87	3,06	96	86

Darstellung und Diskussion der Ergebnisse

Tabelle 15: Zyklische Knicktests von fasergefüllten Folien aus TPS 1-60; Prüfung an 1 cm breiten Streifen – vor bzw. nach 200.000 Knickzyklen

Zusatz zum TPS		Spannung b. Dehnung						Zugfestigkeit [MPa]		Dehnung bei Zugfestigkeit [%]	
Typ	Menge [Masse -%]	5 % [MPa]		10 % [MPa]		50 % [MPa]					
		vor	nach	vor	nach	vor	nach	vor	nach	vor	nach
ohne	-	0,41	0,42	0,60	0,62	1,19	1,22	5,86	6,37	596	643
PES 1 mm	2	0,59	0,59	0,88	0,88	1,45	1,45	5,23	4,96	533	502
	4	0,67	0,68	1,02	1,03	1,56	1,59	4,15	5,25	413	528
	6	0,83	0,79	1,26	1,21	1,75	1,73	5,40	4,62	591	491
	8	0,94	0,80	1,39	1,23	1,83	1,78	5,09	4,71	546	522
	10	0,94	0,97	1,40	1,45	1,82	1,90	4,40	4,77	492	548
Rhenogran 1	1	0,43	0,45	0,63	0,66	1,22	1,26	6,22	5,41	650	571
	2	0,49	0,48	0,72	0,71	1,31	1,28	5,19	5,26	535	580
	4	0,55	0,55	0,80	0,81	1,33	1,33	5,31	4,46	579	516
	6	0,66	0,64	0,96	0,94	1,46	1,41	5,14	5,10	580	608
	10	0,89	0,79	1,21	1,10	1,54	1,48	4,44	4,05	545	513
Rhenogran 2	1	0,45	0,47	0,67	0,70	1,34	1,38	6,16	6,65	627	663
	2	0,49	0,50	0,74	0,75	1,43	1,42	5,12	5,66	535	613
	4	0,52	0,55	0,78	0,84	1,50	1,59	5,12	5,62	593	618
	6	0,66	0,67	1,03	1,05	1,81	1,83	5,00	4,88	580	550
	10	0,65	0,45	1,00	0,71	1,78	1,44	4,35	5,30	510	573
Rhenogran 3	1	0,45	0,60	0,91	0,98	1,43	1,99	5,66	6,70	614	636
	2	0,50	0,49	0,78	0,78	1,69	1,59	4,46	4,36	445	415
	4	0,52	0,57	0,85	0,95	1,94	1,98	5,49	5,28	568	606
	6	0,62	0,77	1,09	1,35	2,74	3,04	4,11	4,97	365	496
	10	0,80	0,91	1,47	1,72	3,57	3,86	3,65	3,87	85	74

Auch die Folien der zweiten Versuchsserie durchliefen diese Tests, hier mit der doppelten Belastung von 400.000 Zyklen. Die visuelle Abmusterung der belasteten Streifen zeigte ebenfalls keine Auffälligkeiten; auf die mechanische Prüfung wurde verzichtet.

Wie sich die TPS-Varianten der dritten Serie nach 400.000 Lastwechseln verhielten, fasst Tabelle 16 zusammen:

- Knickstellen zeigten nur die Proben „2 mm Rayoncord Spule 4", und zwar ab 7 Masse-%.
- Im Zugversuch beobachtet man bei den Varianten
  o „PES 1 mm" und „Rhenogran 2" kaum Veränderungen,

- o „Rayoncord 1 mm" ab 10 % Fasern einen Abfall der Parameter in der Größenordnung 20...30 %,
- o „Rayoncord 2 mm" bei 4 % Fasern noch weitgehende Widerstandsfähigkeit gegen das Knicken, ab 7 % Fasern ebenfalls einen Abfall um 20...40 %.

Grundsätzlich bleiben die fasergefüllten TPE also dynamisch hochbeständig. Erst wenn man die Menge und Länge der Fasern über ein bestimmtes Maß erhöht, muss man mit Änderungen in der dynamischen Leistungsfähigkeit rechnen.

Tabelle 16: Zyklische Knicktests von fasergefüllten Folien aus TPS 1-50; Prüfung an den 1 cm breiten Streifen – vor bzw. nach 400.000 Knickzyklen

Zusatz zum TPS		Spannung b. Dehnung						Zugfestigkeit [MPa]		Dehnung bei Zugfestigkeit [%]	
Typ	Menge [Masse-%]	5 % [MPa]		10 % [MPa]		50 % [MPa]					
		vor	nach	vor	nach	vor	nach	vor	nach	vor	nach
ohne	-	0,33	0,31	0,48	0,46	0,98	0,93	5,92	6,11	543	583
PES 1 mm	4	0,68	0,56	1,00	0,86	1,45	1,36	6,59	6,30	529	544
	7	0,81	0,83	1,14	1,18	1,52	1,57	5,64	5,96	495	513
	10	1,05	1,03	1,41	1,46	1,79	1,93	5,78	5,89	488	466
	12	1,05	0,93	1,42	1,32	1,76	1,74	4,52	4,70	404	414
	15	1,15	1,01	1,56	1,47	1,91	1,95	5,49	5,76	487	462
Rhenogran 2	4	0,52	0,50	0,80	0,77	1,55	1,55	6,05	5,82	517	504
	7	0,74	0,63	1,18	1,02	2,25	2,06	5,22	4,81	459	470
	10	0,83	0,75	1,34	1,23	2,29	2,60	4,79	4,30	442	442
	12	0,98	0,84	1,62	1,39	3,17	2,59	4,37	5,15	394	501
	15	1,02	1,06	1,68	1,81	3,26	3,40	4,84	4,56	454	414
Rayon Spule 4 1 mm	4	0,87	0,82	1,28	1,23	1,69	1,63	7,10	5,76	571	492
	7	1,33	1,31	1,74	1,68	1,94	1,92	6,29	3,41	500	260
	10	2,24	1,67	2,83	2,34	2,70	2,62	6,21	5,22	489	402
	12	2,30	1,82	2,91	2,60	2,77	2,87	4,45	5,21	344	396
	15	3,02	2,23	3,71	3,12	3,21	-	5,36	3,25	429	14
Rayon Spule 4 2 mm	4	1,90	1,40	2,57	2,08	2,56	2,60	6,12	6,65	502	539
	7	2,51	1,90	3,05	2,62	2,92	3,00	6,13	5,30	480	394
	10	2,86	2,65	3,73	3,13	3,78	3,63	6,15	4,61	425	278
	12	4,14	2,66	4,72	3,45	4,00	3,79	5,70	3,84	402	40
	15	4,87	3,01	5,25	-	-	-	5,74	3,43	8	8

5.2.4 Textile Verstärkung durch Ummantelung von Filamentgarn

Im vorangegangenen Abschnitt wurde die grundsätzliche Verarbeitbarkeit einer Reihe von Faserstoffen betrachtet: Über die direkte Compoundierung von Kurzschnitt mit TPS-Granulat und die Ausformung als ca. 1 mm dicke Folie.

Diese Ergebnisse sind für eine technische Umsetzung nur bedingt geeignet – die Industrie erwartet natürlich eine beliebig einsetzbare Faseraufmachung.

Ein Ansatz dafür ist die Compoundierung von Kurzschnitt/TPS-Granulat zu einem Strang, der sich schneiden lässt. Dass dies grundsätzlich funktioniert, zeigten orientierende Arbeiten. Abgesehen von den praktischen Problemen ist man hier jedoch im maximalen Fasergehalt eingeschränkt.

Deshalb wurde nun eine Richtung verfolgt, die sich an bekannte Pultrusionsverfahren anlehnt:

- Ummantelung von Filamentgarn mit TPE
- Schnitt des ummantelten Materials
- Homogenisierung des Materials durch Compoundierung, ggf. bereits mit Verdünnung des Fasergehalts
- Spritzgießen des Granulats

Prozess „Ummantelung" ohne Zwischencompoundierung

Im ersten Schritt wurde

- jede der drei Rayoncord „Spule 4" (entsprechend Tabelle 17) wurde am PolyLab-Extruder mit TPE-Typen (1-40, 1-50 und 1-60) ummantelt,
- das ummantelte Garn (Fasergehalt 4 Masse-%) im TITK an einer Schneidemaschine G28L1 N° F2909829 (PierreT Industries, Belgien) auf eine Länge von 3,6 mm geschnitten und
- das resultierende Granulat im SKZ zu Platten der Größe 100 x 100 x 2 mm spritzgegossen.

Die mittels Spritzgießen hergestellten Platten zeigten eine unbefriedigende Verteilung der Fasern (siehe Abbildung 50).

Abbildung 50: Granulat aus dem TITK und Spritzgießkörper, hergestellt im SKZ, aus TPS-ummantelten Rayoncord (ohne Zwischencompoundierung)

Trotz dieser nicht akzeptablen Qualität ließen sich sogar hier die Effekte, die auch bei den Folien zu beobachten waren, nachweisen (Tabelle 17):
- eine starke Zunahme der Spannung bei niedrigen Dehnungen,
- ein Abfall von Festigkeit und Reißdehnung,
- eine deutliche Zunahme der Härte,
- eine tendenzielle Zunahme der Weiterreißfestigkeit,
- eine Verschlechterung des DVR (s.o.).

Tabelle 17: Zug-Dehnungs-Verhalten von fasergefüllten TPS-Spritzgießplatten, hergestellt aus TPS-ummanteltem Rayoncord „Spule 4" ohne Zwischencompoundierung; Spritzgießen und Prüfungen im SKZ

TPS-Typ	Fasergehalt [Masse-%]	Spannung bei Dehnung		Dehnung bei Zugfestigkeit [%]	Härte [Shore A]	Weiterreißwiderstand [MPa]
		10 % [MPa]*	300 % [MPa]			
1-40	-	0,3	3,25	432	44	10
	4	0,9...1,8	2,95	308	63	18
1-50	-	0,3	4,30	441	54	12
	4	1,0...2,0	4,20	306	69	23
1-60	-	0,4	4,60	470	59	25
	4	1,5...2,0	3,80	270	73	25

* abgeschätzt aus den jeweiligen Spannungs-Dehnungs-Diagrammen; starke Streuung der Kurven!

Um die Gleichmäßigkeit der Faserverteilung zu erhöhen, wurde im zweiten Ansatz der Prozess entsprechend dem letzten Abschnitt nun um eine Zwischencompoundierung ergänzt:
- neuerliche Ummantelung von Rayoncord „Spule 4" mit TPS 1-50 auf einen Fasergehalt von 6 Masse-%,
- Schnitt der Stränge auf 3,6 mm,
- Verdünnung dieses Granulats mit TPS 1-50 auf 4 Masse-% Fasergehalt,
- Compoundierung und neuerliche Granulierung an einem Extruder ZSK 25 (Werner und Pfleiderer),
- Spritzgießen dieses Materials (und des reinen TPS 1-50) zu Zugstäben sowie zu Platten von 2 mm und (nachträglich) von 6 mm.

Die spritzgegossenen Probekörper weisen eine – bei visueller Beurteilung – sehr gleichmäßige Faserverteilung auf. Dieser optische Eindruck spiegelt sich auch in den Variationskoeffizenten beim Spannungs-Dehnungs-Verhalten wider: Sie lagen für Spannungen bei 5 und 10 % Dehnung bei 1 bis 7 %!

An diesen Stäben wurden die in Tabelle 18 zusammengefassten Parameter gemessen (siehe auch Abbildung 51 bis Abbildung 53):

Bereits 4 % Fasern wiederum bewirken
- eine deutliche Erhöhung der Spannung bei niedriger Dehnung,
- eine ebenso deutliche Erhöhung der Härte sowie
- einen allgemeinen Abfall von Zugfestigkeit und Zugdehnung.

Tabelle 18: Zug-Dehnungs-Verhalten von fasergefüllten Spritzgießstäben aus TPS 1-50 – ohne und mit 4 Masse-% Rayon („Spule 4")

Zusatz zum TPS 1-50		Spannung b. Dehnung			Zug-festigkeit [MPa]	Dehnung bei Zug-festigkeit [%]	Härte [Shore A]
Typ	Menge [Masse-%]	5 % [MPa]	10 % [MPa]	50 % [MPa]			
ohne	-	0,42	0,63	1,28	5,40	438	53
Rayon	4	1,74	2,61	2,87	3,92	267	65

Bemerkenswert ist, dass die Effekte hier drastischer ausfallen als bei qualitativ gleichartigen Folien (siehe Abbildung 51 bis Abbildung 53).

Dies ist vor allem deshalb interessant, weil die Folien „Rayon 1 mm" und „Rayon 2 mm" genau das gleiche Verstärkungsmaterial enthalten wie die Spritzgießstäbe aus dem Ummantelungsprozess (Rayon „Spule 4"). Bedenkt man außerdem die unvermeidliche Faserverkürzung beim Spritzgießen (in den extrudierten Folien sollten längere Fasern enthalten sein), so bleibt als Ursache für die hohen Spannungssteigerungen nur eine Anisotropie in Prüfrichtung!

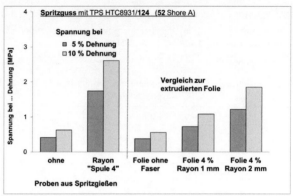

Abbildung 51: Fasergefüllte TPS 1-50: Spannungen bei niedrigen Dehnungen
Vergleich Spritzgießen / Folienextrusion

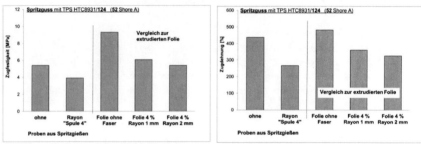

Abbildung 52: Fasergefüllte TPS 1-50: Zugspannung und Dehnung bei Zugspannung
Vergleich Spritzgießen / Folienextrusion

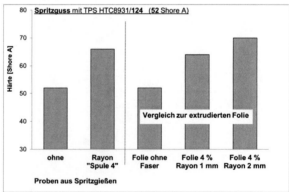

Abbildung 53: Fasergefüllte TPS 1-50: Härte
Vergleich Spritzgießen / Folienextrusion

5.3 AP 3: Integration speziell aufbereiteter Kurzschnitte und AP 4: Einarbeitung von Fasergranulat

5.3.1 Dosierung von speziellen Natur- und Synthesefasern

In diesem Arbeitspunkt erfolgte die Abschätzung der generellen Dosierbarkeit von Naturfasern. Als Dosiereinrichtung kam die BRABENDER ISC-CM (BRABENDER TECHNOLOGIE GMBH & CO. KG, Duisburg), siehe Abbildung 54, mit 3 unterschiedlichen Schneckenarten, zum Einsatz. Hierfür wurde das „Umrüstkit" im Rahmen des Projektes beschafft.

Die zum Vergleich vorhandenen Schneckenarten (siehe Abbildung 55) waren:

- Standard „1315", 32 mm
- Standard „2024", 32 mm
- „Umrüstkit"

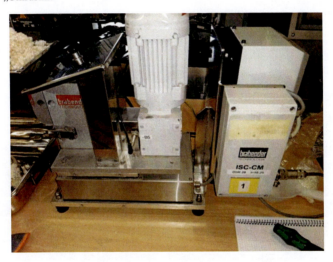

Abbildung 54: BRABENDER gravimetrische Dosierung

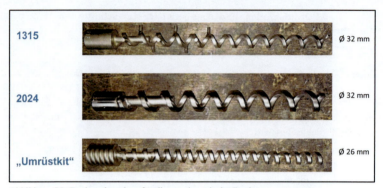

Abbildung 55: Dosierschnecken für die gravimetrische Dosierung

Die mit dem Versuchsaufbau dosierten Faserarten waren:
- Sisal (Darreichungsform und Faserbeispiele siehe Abbildung 56)
- Hanf (Darreichungsform und Faserbeispiele siehe Abbildung 57)
- Flachs (Darreichungsform und Faserbeispiele siehe Abbildung 58)
- „Spule 1" (Darreichungsform und Faserbeispiele siehe Abbildung 59, geschnittener Rayon-Cord ohne RFL-Imprägnierung)
- „Spule 3" (Darreichungsform und Faserbeispiele siehe Abbildung 60, geschnittener Rayon-Cord mit RFL-Imprägnierung)

Abbildung 56: Sisalfaser-Probe

Abbildung 57: Hanffaser-Probe

 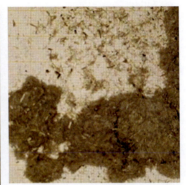

Abbildung 58: Flachsfaser-Probe

Abbildung 59: Probe aus Spule 1

Abbildung 60: Probe aus Spule 3

Die ungefähre Verteilung der Faserlängen wurde manuell ausgezählt und ist in Tabelle 19 dargestellt.

Tabelle 19: Abschätzung der Faserlängen der Proben

Material	Faserlänge (mm)									
Häufigkeit	1	2	3	4	5	6	7	8	9	10
Sisal	28	17	7							
Hanf	14	27	12	9						
Flachs	12	6	17	10	5					
Spule 1			18	21						
Spule 3		7		16		6				8

Jede Faserart wurde mit allen vorhandenen Schnecken dosiert. Das Ergebnis der Dosierversuche ist in Tabelle 20 dargestellt. Angegeben ist entweder das beobachtete Ergebnis der Kombination oder der gemessene, konstant mögliche Austrag in kg / h. Mit „Brückenbildung" sind die Stockungen des Fasertransports gemeint, die wegen Zusammenballungen des fluffigen, voluminösen Kurzschnitts auftraten.

Tabelle 20: Ergebnisse der Faserdosierversuche

Faser-bezeichnung	Schnecke 1315	Schnecke 2024	„Umrüstkit"
Sisal	1,0 kg/h	Brückenbildung	Faser nicht dosierbar
Hanf	2,4 kg/h	1,0 kg/h	Nicht konstant dosierbar
Flachs	1,2 kg/h	Nicht konstant förderbar	0,3 kg/h nur kurzzeitig möglich
Spule 1	Brückenbildung	0,1 kg/h nur kurzzeitig möglich	Brückenbildung
Spule 3	Brückenbildung	Brückenbildung	Brückenbildung

Das verwendete „Umrüstkit" zeigt keine Vorteile gegenüber den Standardschnecken.

5.3.2 Verwendung von Langfasergranulat

Aus Sicht der praktischen Umsetzung bei TPE-Herstellern und -Verarbeitern wäre es vorteilhaft, Zwischenschritte – wie etwa die Ummantelung von Garnen – zu vermeiden und die Fasern unmittelbar zu integrieren.

Welche Probleme es aufwirft, Fasern direkt mit dem Kunststoffgranulat dem Extruder zuzugeben, zeigte sich in den oben beschriebenen Untersuchungen beim Projektpartner SKZ (siehe Tabelle 20).

Eine Alterative stellen „granulierte Fasern" dar. Dies betrifft insbesondere die zunehmend interessanten, steifen Naturfasern (Flachs, Hanf).

Naturfasern in Verbundwerkstoffen sind keine Neuheit mehr. Vor allem die Automobilindustrie setzt derartige Mengen in ihren Bauteilen ein, dass man längst nicht mehr nur von einer Marktnische sprechen kann; hier hat sich bereits eine neue Werkstoffklasse etabliert [MIECK1996], [MIECK2007], [REUSSMANN2003].

Naturfasern in Composites konkurrieren mit Glasfasern. Im Vergleich zu Glasfasern haben die Naturfasern eine Reihe von Vorteilen, wie etwa einen niedrigen Preis oder ein günstiges arbeitsphysiologisches Verhalten.

Bei der Einführung von Naturfaser-verstärktem Kunststoff (NFK) in die Industrie standen und stehen allerdings auch verschiedene Schwierigkeiten, z.B., hinsichtlich Qualität und Wirtschaftlichkeit ein Optimum im Faser-Aufschlussgrad zu finden. Dass man diese Probleme aber lösen oder wenigstens mit ihnen umgehen kann, zeigen eben die schon jetzt recht hohen Marktanteile der NFK.

Allgemein gegenüber Synthesefasern schränkt eine Besonderheit jedoch nach wie vor den Einsatz der Naturfasern ein, nämlich deren begrenzte Faserlänge:

1. Alle Verarbeitungsprozesse, die ein Endlos-Fadenmaterial als Zwischen- oder Endprodukt erfordern (Winding-Technologie, Composites mit Geweben bzw. Gewirken als Festigkeitsträger), sind praktisch nicht durchführbar. Zwar lassen sich auch Naturfasern verspinnen und dann verstricken oder verweben. Der Aufwand, um Naturfasern in einen Zustand zu bringen, der sich verspinnen lässt (d.h. der entsprechende Aufschlussgrad), ist jedoch sehr hoch. Damit würde einer der entscheidenden Vorteile der Naturfasern – deren niedrige Gestehungskosten – und somit auch ein wichtiger ökonomischer Anreiz zum Einsatz entfallen.
2. Die Herstellung von Naturfaser-verstärktem thermoplastischem <u>Granulat</u> nach etablierten Prozessen ist problematisch, im Falle von Granulat mit langen Fasern bisher ganz unmöglich.

Schon die erste Einschränkung spielt eine wichtige Rolle. Vor allem aber der zweite Punkt stellt eine starke Limitierung dar. Er ist der Grund dafür, dass bisher das Formpressen (meist mit Hybrid-Vliesen) die einzige Technologie für thermoplastische NFK blieb.

Über das Formpressen sind zwar viele interessante Anwendungen zugänglich. Werden die Werkstücke jedoch anspruchsvoller (komplexe Geometrie, Wanddicken-Unterschiede, Rippen u.a.), so sind dem Formpressen Grenzen gesetzt. Komplizierte konstruktive Anforderungen lassen sich nur durch moderne Verfahren bedienen, insbesondere durch Spritzgießen und kombiniertes Extrusions-Formpressen. Auch endlose Profile sind durch Pressen nicht herstellbar, sondern nur durch Extrusion. Doch für all diese Prozesse benötigt man Granulat [REUSSMANN2003].

Allgemein unterscheidet man beim faserverstärkten Granulat zwischen Kurz- und Langfasergranulat.

Die naheliegende Technologie zur Herstellung von **Kurzfaser-Granulat** wäre eine direkte Zugabe der Naturfasern in den Extruder beim Compoundieren von Thermoplast und anschließendes Schneiden zu Granulat. Wegen ihrer geringen Dichte und ihrer schlechten Rieselfähigkeit sind Naturfasern jedoch sehr schwierig zu dosieren (siehe oben). Nur die Zugabe der Fasern in Form eines Kardenbandes ist hier ein gangbarer Weg. Allerdings kann man so lediglich Granulate mit Faserlängen in der Größenordnung ≤ 1 mm erzeugen. Da die Länge der Fasern und deren verstärkende Wirkung unmittelbar korrelieren (siehe Abbildung 6), fallen die Parameter eines Verbundes aus Kurzfaser-Granulat entsprechend gering aus. Dies wiegt um so schwerer, als (im Vergleich zur Glasfaser) die Naturfaser ohnehin geringere Festigkeiten mitbringt [REUSSMANN2003].

Langfaser-Granulat lässt sich über Pultrusion produzieren. Dieser Prozess ist ein etabliertes Verfahren für Glasfaser-verstärktes Thermoplast. Die Pultrusion beruht auf einer kontinuierlichen Schmelzeimprägnierung von Verstärkungsmaterial (Rovings); die Faserlänge in den Granulaten wird über die Schnittlänge eingestellt. Das Verfahren setzt jedoch ein endloses (Filament-)Garn, das hohe Kräfte übertragen kann, voraus.

Ein preiswertes Kardenband aus Naturfaser genügt diesen Anforderungen nicht; die Herstellung eines festen Garns bedingt dagegen einen hohen Faser-Aufschlussgrad und ist damit viel zu teuer [REUSSMANN2003].

Als generelles Problem steht daneben die unvermeidbare thermische und mechanische Belastung beim Compoundieren der Naturfasern mit dem Matrixmaterial. Durch die notwendigen Prozesstemperaturen kann bereits hier eine Schädigung der cellulosischen Struktur einsetzen, die sich zu der später im eigentlichen Verarbeitungsschritt auftretenden Belastung summiert.

Ein weiteres grundsätzliches Problem bei den angedeuteten Verfahren zur Granulatherstellung ist, dass ein Kunststoffverarbeiter textiles Material handhaben muss. Die Aggregate und auch die Erfahrungen zum Umgang mit Fasern sind jedoch beim Kunststoff-Verarbeiter nicht vorhanden. Dagegen bestehen in Textilfirmen die entsprechenden Voraussetzungen. Es wäre also wünschenswert, wenn die Produktion von Naturfaser-verstärktem Granulat bei einem Faserverarbeiter vorgenommen wird und ein Kunststoff-Verarbeiter das fertige, maßgeschneiderte Granulat beziehen kann.

Vor diesem Hintergrund wurde im TITK ein neues Verfahren zur Herstellung von thermoplastischem Langfaser-Granulat (LFG) entwickelt [MIECK2007-1]. Ausgangspunkt dieses Verfahrens sind billige Hybrid-Kardenbänder, bestehend aus einer Mischung von Verstärkungs- und Matrixfasern. Die Bänder werden im Prozess gedreht, dabei aufgeheizt und kompaktiert. Durch die Drehungserteilung kommen die Naturfasern mit dem aufgeschmolzenen Matrixmaterial in Berührung und verkleben untereinander. Es entsteht ein kompakter Materialstrang, der hohe Zugkräfte überträgt und sich kontinuierlich abziehen lässt. Dieser Strang durchläuft dann eine Kühlzone und wird nach Verfestigung zu Pellets geschnitten (Abbildung 61 und Abbildung 62).

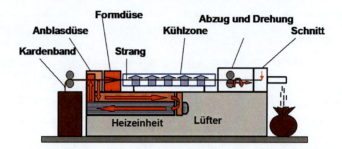

Abbildung 61: Prinzipieller Aufbau der TITK-Anlage zur Herstellung von LFG

Abbildung 62: Flachs- und Lyocell-LFG aus der TITK-Anlage

Somit hat das LFG-Verfahren die folgenden Vorteile:

- Das Granulat kann in einer Textilfirma hergestellt werden. Im Gegensatz zum Kunststoffverarbeiter verfügen Textilfirmen i.A. über das Know-how zum Umgang mit Fasern und über die notwendigen Maschinen (Ballenöffner, Reinigungsaggregate, Mischer, Krempel).
- Zusätzliche Transporte des leichten, voluminösen Fasermaterials sind nicht erforderlich.
- Verstärkungs- und Matrixfasern werden in einer vorgelagerten Stufe mechanisch auf dem textilen Aggregat gemischt. So entfällt die – beim Compoundieren unvermeidliche – thermische Belastung.
- Die textile Vermischung garantiert eine ideale Homogenisierung der beiden Komponenten, damit ist in der weiteren Verarbeitung weniger Scherenergie für die Verteilung und Vereinzelung der Verstärkungsfasern notwendig.
- Eben weil das Mischen in einem vorgelagerten (mechanischen) Schritt erfolgt, muss zur Granulatherstellung nicht das gesamte Matrixmaterial aufgeschmolzen werden – nur in der äußeren Randschicht des Faserbandes schmelzen die Thermoplast-Fasern und verkleben so die Verstärkungsfasern. Im viel größeren

Innenbereich des Korns bleibt die Matrix weiter als Faser erhalten. So entsteht eine Kern-Mantel-Struktur. Der Vorteil gegenüber dem Compoundieren liegt also nicht nur in der geringeren thermischen Belastung der Naturfasern, sondern auch in einem geringeren Energieverbrauch.

Der Kunststoffverarbeiter erhält ein LFG, das entsprechend der jeweiligen Anforderungen maßgeschneidert werden kann:

- Über die Mischung des Kardenbandes ist der Fasergehalt, über den Schnitt die Faser- bzw. Granulatlänge in weiten Bereichen frei wählbar.
- Durch die Drehung des Kardenbandes in der Phase der thermischen Exposition sind die Fasern im Granulat z.T. sogar länger als das Granulatkorn.

Das TITK-LFG wurde ursprünglich für Naturfasern entwickelt. Genauso gestattet diese Anlage aber auch die Herstellung von Synthesefasergranulaten bis hin zu Aramid und Carbon. Dies ist vor allem für ganzheitliche Recyclingprozesse interessant.

- Überdies lässt sich durch Zusätze anderer Fasern im LFG auch die Schlagzähigkeit von Composites regulieren.
- Das LFG eignet sich für jegliche Spritzgieß- und Extrusionsanwendungen an großtechnischen Anlagen.

Wichtige Parameter des Verbundwerkstoffes, vor allem der E-Modul, können durch LFG deutlich gesteigert werden: Die Steifigkeiten der aus LFG hergestellten Verbunde liegen erheblich höher als bei Kurzfaserverstärkung; sie erreichen das Niveau von Vliesverstärktem Polypropylen. Dies ist auf die größere Faserlänge und die damit verbundene allgemeine mechanische Tragfähigkeit im LFG zurückzuführen [REUSSMANN2003].

Für das Projekt wurden im TITK an einer Anlage entsprechend Abbildung 61 vier verschiedene Langfasergranulate hergestellt:

LFG-1 = 20 % PP / 80 % Flachs
LFG-2 = 30 % PP / 70 % Flachs
LFG-3 = 20 % PES-Biko / 80 % Flachs
LFG-4 = 20 % PE / 80 % Lyocell

und unter Zugabe der entsprechenden Mengen an TPS 1-50 im Extruder ZSK 25 (Werner und Pfleiderer) zu TPE mit jeweils 5 Masse-% Fasergehalt compoundiert.

Diese Granulate wurden danach zu Prüfstäben verspritzt und geprüft.

Die spritzgegossenen Probekörper weisen eine ausgezeichnete Faserverteilung auf – das erschließt sich (wie bei Granulaten aus dem ummantelten Rayongarn) sowohl aus dem visuellen Eindruck als auch aus den Variationskoeffizenten des Spannungs-Dehungs-Verhaltens im Bereich von 1 bis 6 %.

Die spritzgegossenen Stäbe kommen auf das in Tabelle 21 dargestellte Niveau (siehe auch Abbildung 63 bis Abbildung 65); auch hier erhöhen die zugesetzten Fasern die Spannung bei niedriger Dehnung sowie die Härte und verringern Zugfestigkeit und Zugdehnung – also wiederum eine deutliche Versteifung. Überraschenderweise ist es gerade die Lyocellfaser mit ihrem – im Vergleich zu Flachs – niedrigeren Elastizitätsmodul, die zu den deutlichsten Effekten führt!

Tabelle 21: Zug-Dehnungs-Verhalten von fasergefüllten Spritzgießstäben aus TPS 1-50 – ohne und mit 5 Masse-% Cellulosefasern (Integration über LFG)

Zusatz zum TPS		Spannung b. Dehnung			Zug-festigkeit [MPa]	Dehnung bei Zug-festigkeit [%]	Härte [Shore A]
Typ*	Menge [Masse-%]	*5 %* *[MPa]*	*10 %* *[MPa]*	*50 %* *[MPa]*			
ohne	-	0,42	0,63	1,28	5,40	438	53
LFG-1 = Flachs	5	0,86	1,28	2,14	4,57	329	68
LFG-2 = Flachs	5	0,94	1,39	2,36	6,07	394	69
LFG-3 = Flachs	5	1,05	1,57	2,34	4,13	307	66
LFG-4 = Lyocell	5	2,42	3,56	3,55	4,09	17	74

*dosiert entsprechend der unterschiedlichen Konstruktion des Langfasergranulats

Weiterhin beobachtet man, genau wie bei den Spritzgießproben aus dem ummantelten Garn, dass die Effekte hier drastischer als bei qualitativ ähnlichen Folien anfallen. Dies sollte auch hier mit der Ausrichtung der Fasern beim Spritzgießen zusammenhängen.

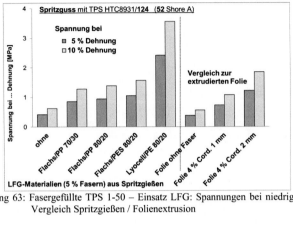

Abbildung 63: Fasergefüllte TPS 1-50 – Einsatz LFG: Spannungen bei niedrigen Dehnungen, Vergleich Spritzgießen / Folienextrusion

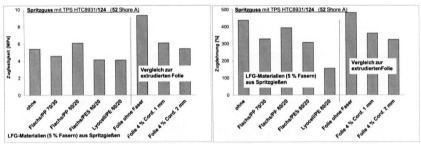

Abbildung 64: Fasergefüllte TPS 1-50: Zugspannung und Dehnung bei Zugspannung – Einsatz LFG; Vergleich Spritzgießen / Folienextrusion

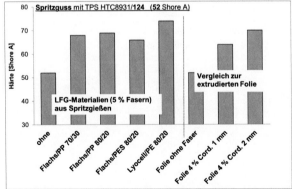

Abbildung 65: Fasergefüllte TPS 1-50: Härte – Einsatz LFG; Vergleich Spritzgießen / Folienextrusion

Einfluss der Fasern auf den Druckverformungsrest

Die letzten Abschnitte stellten heraus, dass Kurzschnitt in TPE analoge Effekte wie in Gummi bewirkt.

Der primäre dieser Effekte ist die Versteifung des Materials. Diese Versteifung kann schon für sich allein interessant sein, da man mit einer geringen Menge an Kurzschnitt auch bei TPS zum Teil recht deutliche Veränderungen erzielt. Vor allem wird sie dort ihre Wirkung entfalten, wo es um eine anisotrope Versteifung eines Bauteils geht.

Recht enttäuschend fielen dagegen die ersten Messungen des Druckverformungsrests (DVR) aus Tabelle 12 und Abbildung 37. Hier lohnt ein Blick auf die Situation beim Gummi: Dieses lässt sich (ähnlich wie TPE) über die oben beschriebenen Prozesse mit Kurzschnitt versetzen.

Anders als beim TPE besteht in der Gummiindustrie aber zusätzlich die Möglichkeit des Kalandrierens. Dabei durchläuft die vorwärmte/plastifizierte Elastomermischung einen Walzenspalt, was durch die Scherkräfte zu einer räumlichen Ausrichtung von Materialien von einem höheren Aspektverhältnis führt. Insbesondere Fasern werden im Walzenspalt in erstaunlichem Maße in Laufrichtung orientiert.

Zieht man auf diese Weise dünne Schichten aus und konfektioniert sie (parallel zur Fließrichtung) übereinander, so erhält man Platten mit einer hohen Anisotropie. In derartigen (vulkanisierten) Platten findet man dann extreme Verstärkungseffekte der Fasern, wie in Abbildung 17 veranschaulicht.

Aus solchen (vulkanisierten) Platten lassen sich Würfel ausschneiden und hinsichtlich Druckverformung prüfen – und zwar in Abhängigkeit der Faserorientierung (Abbildung 66).

An solchen derart ideal hergestellten Probekörpern beobachtet man eine klare Korrelation zwischen DVR und Faserorientierung. Nach der begrifflichen Zuordnung in Abbildung 66 findet man

"längs" eine deutliche **Abnahme** des DVR

"quer" eine nicht eindeutige Veränderung des DVR

"senkrecht" eine deutliche **Zunahme** des DVR;

wobei diese Differenzierung mit zunehmender Faserverstärkung/Anisotropie wächst (siehe Abbildung 67 und Abbildung 68).

Darstellung und Diskussion der Ergebnisse 81

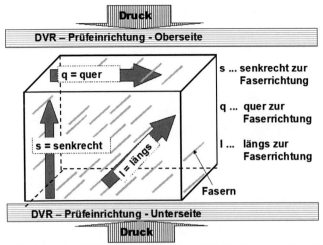

Abbildung 66: Schema zur Richtungsabhängigkeit von DVR-Messungen an einem Elastomer-Würfel

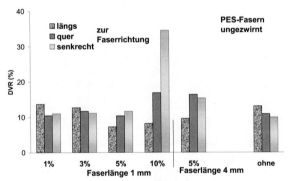

Abbildung 67: EPDM-Gummi: DVR in Abhängigkeit der Faserorientierung (Gummiwürfel; Druckbeaufschlagung im Sinne von Abbildung 66)

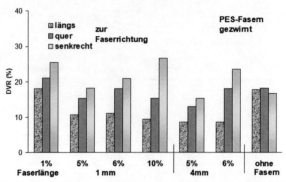

Abbildung 68: SBR-Gummi: DVR in Abhängigkeit der Faserorientierung (Gummiwürfel; Druckbeaufschlagung im Sinne von Abbildung 66)

Denkbar wäre, dass die hohen DVR-Werte (siehe Tabelle 12) mit einer ungünstigen Faserorientierung zusammenhängen: Die Prüflinge waren aus den Folien ausgestanzt worden, also vermutlich (im Sinne von Abbildung 66) „senkrecht" zur Faserrichtung, und wie beim Gummi steigt in diesem Fall der DVR mit zunehmender Faserverstärkung an. Deshalb liefen verschiedene Bemühungen, auch an den TPS-Mustern richtungsabhängige DVR-Messungen durchzuführen.

- Verklebungen der Folien zu kleinen Würfeln führten nicht zu brauchbaren Probekörpern.
- Dreifach-Verklebungen der 2 mm dicken Spritzgießplatten, die auf ummanteltem Garn beruhten (Tabelle 18), ergaben stark schwankende Werte. Zumindest tendenziell stellten sich aber die erwarteten Effekte ein:

	Platte ohne Fasern	*Platte mit Fasern*
„senkrecht zur Faserrichtung"	*28 %*	*32...40 %*
„längs zur Faserrichtung"	*28 %*	*20 %*

- Nach Beschaffung eines Werkzeugs für Platten von 6 mm Dicke und neuerlicher Verarbeitung dieses Materials (Tabelle 18) gelang es über die Vorgehensweise nach Abbildung 69, zu etwas besser reproduzierbaren Ergebnissen zu kommen.

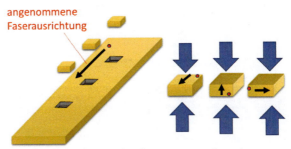

Abbildung 69: Entnahme der Proben Druckverformungsrest aus den spritzgegossenen Platten

Tatsächlich lässt Tabelle 22 eine Abhängigkeit zur Faserorientierung erkennen: Drückt man „AUF die lange Seite der Platten", in der die Fasern vermutlich vorwiegend ausgerichtet sind, so liegt das DVR-Niveau deutlich niedriger als bei der Messung „SENKRECHT auf die Platte".

Tabelle 22: Druckverformungsrest (72 h bei 70°C) fasergefüllter Spritzgießstäbe aus TPS 1-50 – ohne und mit 4 Masse-% Rayon („Spule 4")

Richtung Druck zur (angenommenen!) Faserrichtung	senkrecht		längs		quer	
TPS	ohne Fasern	4 Masse-% Rayon	ohne Fasern	4 Masse-% Rayon	ohne Fasern	4 Masse-% Rayon
Einzelwerte	29	29	29	24	28	29
	24	29	29	14	27	19
	29	33	24	19	32	14
	24	24	33	19	29	14
	29	24	19	19	26	
			38	14		
			33	19		
			33	24		
Mittelwert	27	31	27	19	28	19

Ein weiterer Versuch (im SKZ), die Richtungsabhängigkeit des DVR durch Entnahme von Würfeln der Größe 6 x 6 x 6 mm³ zu entnehmen, führte zu den in Tabelle 23 bis Tabelle 25 dargestellten Messwerten; hinter den Angaben „y25", „y35" und „y45" verbergen sich unterschiedliche Abstände zur langen Seite der Platte nach Abbildung 69.

Tabelle 23: Druckverformungsrest von faserverstärktem TPS 72 h 23°C

Material TPS	DVR [%]					
	y25		y35		y45	
Faserzusatz	ohne	mit	ohne	mit	ohne	mit
Einzelwerte	17,76	30,81	56,00	35,53	27,27	34,10
	20,77	40,94	17,82	34,17	25,79	30,65
	19,53	31,43	45,78	33,33	16,97	35,00
Mittelwert	19,35	34,39	39,87	34,34	23,34	33,25
Standardabweichung	1,24	4,64	16,14	0,91	4,55	1,87

Tabelle 24: Druckverformungsrest von faserverstärktem TPS aus dem SKZ – 72 h 70°C

Material TPS	DVR [%]					
	y25		y35		y45	
Faserzusatz	ohne	mit	ohne	mit	ohne	mit
Einzelwerte	17,74	33,96	22,53	33,63	29,95	32,76
	27,75	38,18	21,51	33,33	25,11	39,78
	32,02	36,15	23,08	34,15	23,08	40,09
Mittelwert	25,84	36,10	22,37	33,70	26,05	37,54
Standardabweichung	5,98	1,72	0,65	0,34	2,88	3,38

Tabelle 25: Druckverformungsrest von faserverstärktem TPS aus dem SKZ – 24 h 100°C

Material TPS	DVR [%]					
	y25		y35		y45	
Faserzusatz	ohne	mit	ohne	mit	ohne	mit
Einzelwerte	40,91	58,38	45,33	48,00	53,45	49,39
	59,43	62,89	42,22	62,82	42,96	56,38
	60,11	64,11	37,75	59,49	27,56	41,94
Mittelwert	53,48	61,79	41,77	56,77	41,32	49,24
Standardabweichung	8,90	2,46	3,11	6,35	10,63	5,90

Die ermittelten DVR-Werte in den Tabelle 22 bis Tabelle 25 schwanken relativ stark, vermutlich durch die schwierige Präparation der Würfel. Ähnliche Schwankungen wurden auch im TITK beobachtet. Bei den Prüfungen aus dem SKZ liegt der DVR des reinen TPS unter dem Niveau der Variante mit der Faserverstärkung, und zwar bei allen Entnahmestellen und für alle drei Prüfbedingungen. Ergebnisse, die auf einen positiven Effekt der Fasern hinweisen, wurden im TITK aber „längs" gemessen: Druck in Richtung der langen Seite der Platten", in der die Fasern vermutlich vorwiegend ausgerichtet sind, bedeutet ein niedrigeres DVR-Niveau als senkrechter Druck.

Bei einer abschließenden Messreihe wurden die Würfel mittels Wasserstrahlschneiden herausgetrennt – wiederum aus den 6 mm dicken Platten entsprechend Abbildung 69. Auch bei dieser Probenpräparation findet man eine deutliche Richtungsabhängigkeit der Druckverformung (Tabelle 26).

Tabelle 26: Druckverformungsrest von faserverstärktem TPS 1-50 (4 % RFL-Rayon-Kurzschnitt) in Abhängigkeit der Entnahme aus der Spritzgießplatte; Belastung: 72 h bei 70°C

Richtung Druck zur angenommenen Faserrichtung	Senkrecht in %	Längs in %	Quer in %
Einzelwerte	65,9	42,4	49,2
	65,5	44,7	51,6
	61,1	44,7	52,2
Mittelwert	64,2	43,9	51,0

5.4 AP 7: Abstimmung der Basis-Rezepturen auf die Faser

Basierend auf den beschriebenen Screeningversuchen wurde ein passender Statistischer Versuchsplan zur Ermittlung der Struktur-Eigenschaftsbeziehungen erarbeitet.

Eine Übersicht über das Vorgehen zeigt Abbildung 70: Der Prozess setzt sich zusammen aus zahlreichen Einflussfaktoren, welche die Qualitätsfaktoren des Produktes bestimmen. Diese wechselwirken aufeinander und können, wir bereits in der allgemeinen Beschreibung ausgeführt, nur durch eine solche Korrelations- und Regressionsanalyse sinnvoll ausgewertet werden. Die repräsentativen Versuche basieren auf dem erstellten Prozess-Modell und stellen seine gesamte Bandbreite dar. Die über 200 Möglichkeiten, alle Parameter stufenweise zu verändern, wurden hierbei auf 25 Versuche reduziert.

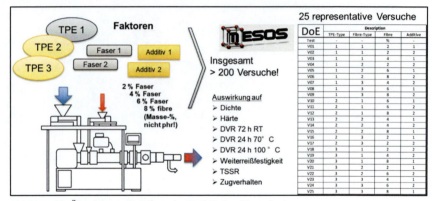

Abbildung 70: Übersicht zur Erstellung des Statistischen Versuchsplans

Die ausgewählten Faktoren für den Versuchsplan waren:
- 3 TPS-Typen mit 40, 50 und 60 Shore-A
- 2 Faserarten mit den ausgeprägtesten Einflüssen
- 5 unterschiedliche Faseranteile
- 2 Additivarten aus der Gruppe der MAH-gepfropften Polypropylene

Eine Korrelationsanalyse auf die gewählten Materialeigenschaften
- Dichte
- Härte
- Druckverformungsrest (72 h / Raumtemperatur; 24 h / 70 °C; 24 h / 100 °C)
- Weiterreißfestigkeit
- TSSR-Verhalten sowie
- Zugversuch (Reißdehnung und Reißfestigkeit)

wurde durchgeführt.

Unter Verwendung der Software MESOS wurden aus einem differenzoptimierten Plan die Versuche abgeleitet. Dieser Versuchsplan ist in Tabelle 27 dargestellt.

Tabelle 27: Statistischer Versuchsplan für die Erarbeitung der Struktur-Eigenschaftsbeziehungen

		Versuchsbeschreibung / Zusammensetzung			
		TPE-Typ	Faserart	Faseranteil	Additivart
Nr.	Versuch	-	-	Gew.-%	-
.014	01	2-50	"Spule 2 / 4"	2	4013 GC
.015	02	2-50	"Spule 2 / 4"	2	10213 GB
.016	03	2-50	"Spule 2 / 4"	4	4013 GC
.017	04	2-50	Rhenogran EPDM	2	10213 GB
.018	05	2-50	Rhenogran EPDM	6	4013 GC
.019	06	2-50	Rhenogran EPDM	8	10213 GB
.020	07	2-50	PES Kurzschnitt	4	10213 GB
.021	08	2-50	PES Kurzschnitt	6	4013 GC
.022	09	2-50	PES Kurzschnitt	8	10213 GB
.023	10	2-40	"Spule 2 / 4"	6	4013 GC
.024	11	2-40	"Spule 2 / 4"	6	10213 GB
.025	12	2-40	"Spule 2 / 4"	8	10213 GB
.026	13	2-40	Rhenogran EPDM	4	4013 GC
.027	14	2-40	Rhenogran EPDM	4	10213 GB
.028	15	2-40	Rhenogran EPDM	8	4013 GC
.029	16	2-40	PES Kurzschnitt	2	4013 GC
.030	17	2-40	PES Kurzschnitt	2	10213 GB
.031	18	1-60	"Spule 2 / 4"	2	10213 GB
.032	19	1-60	"Spule 2 / 4"	4	10213 GB
.033	20	1-60	"Spule 2 / 4"	8	4013 GC
.034	21	1-60	Rhenogran EPDM	2	4013 GC
.035	22	1-60	Rhenogran EPDM	6	10213 GB
.036	23	1-60	PES Kurzschnitt	4	4013 GC
.037	24	1-60	PES Kurzschnitt	6	10213 GB
.038	25	1-60	PES Kurzschnitt	8	4013 GC

Die Versuche wurden unter Nutzung der beschriebenen Materialien, Verfahrenstechnik (Compoundieren, Spritzgießen, Probenpräparation) und Messeinrichtungen durchgeführt.

5.5 AP 8: Zusammenhang zwischen Rezeptur und Faser-Effekt

Die Verwendung der Statistischen Versuchsplanung ist, wie bereits beschrieben, eine effektive und sinnvolle Möglichkeit, einen Prozess mit multidimensionalen Einflüssen aus Parametern und Parameterstufen bezüglich seiner Qualitätsmerkmale zu bewerten und sowohl qualitative (Korrelationen) wie auch quantitative (Regressionen) zu erhalten. Hierbei muss die verwendete Systematik der Analyse zum Prozess passen und Ergebnisse erzielen, die einer Plausibilitätsprüfung standhalten. Zunächst werden die Zusammenhänge bezüglich Dichte, Härte und Druckverformungsrest dargestellt.

5.5.1 Darstellung der einzelnen Bestimmtheitsmaße

Das verwendete Modell weist für die Qualitätsparameter die folgenden Bestimmtheitsmaße in % auf, welche die dazugehörigen Aussagen erlauben:

Qualitätsparameter	Bestimmt-heitsmaß	Aussagebewertung
• für die Dichte	98,6 %	schlüssiger Zusammenhang
• für die Härte	91,5 %	eingeschränkter Zusammenhang
• für DVR 72 h / NK	68,9 %	Zusammenhang fraglich
• für DVR 24 h / 70 °C	71,5 %	Zusammenhang fraglich
• für DVR 24 h / 100 °C	87,8 %	eingeschränkter Zusammenhang

Anhand Abbildung 71 sollen die graphischen Darstellungen der minimalen und maximalen Bestimmtheitsmaße verdeutlicht werden. Eine hohe Korrelation und damit ein schlüssiger Zusammenhang zwischen dem Modell des Versuchsplans und dem Qualitätsparameter liegt nahe an der prognostizierten Funktion; ist die Korrelation gering, streuen die Werte um die Funktion. Die dargestellten Punkte sind die Messwerte der 25 Versuche, die mehr oder weniger gut durch den vorausgesagten Zusammenhang abgebildet werden.

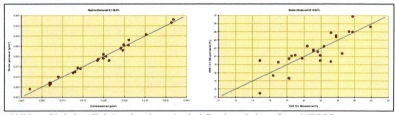

Abbildung 71: hohes (links) und geringes (rechts) Bestimmtheitsmaß aus MESOS

Die Güte der Zusammenhänge fließt in die Auswertung (Plausibilitätsprüfung) der einzelnen Versuchspunkte ein. Die Darstellungen aller Bestimmtheitsmaße sind im Anhang 2 zu finden.

5.5.2 Parametereinfluss

Die einzelnen Eingangsparameter haben einen unterschiedlichen Einfluss auf die Qualitätsparameter. Am Beispiel des Qualitätsparameters „Dichte" soll dies in Abbildung 72 verdeutlicht werden. In jeweils 4 Darstellungen werden die Ausgangs-Messwerte den Eingangsparameterstufen zugeordnet. Weisen diese einen deutlichen Trend auf, ist die qualitative Abhängigkeit hoch (siehe „TPE-Type" und „Faseranteil", in der Tabelle mit „+" oder „++" angegeben). Ist keine Änderung zu erkennen, ist der Einfluss gering (in der Tabelle mit „o" angegeben). Diese Aussage muss mit den Einschätzungen aus dem Bestimmtheitsmaß verknüpft und auf Plausibilität geprüft werden.

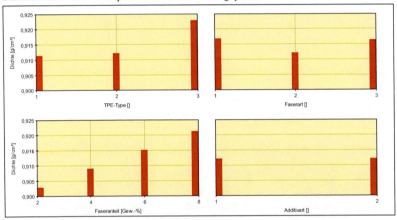

Abbildung 72: Parametereinfluss auf die Dichte nach der Auswertung durch MESOS

Für die weiteren Parametereinflüsse, kombiniert mit der Schlüssigkeit der Aussage, ergeben sich die in Tabelle 28 aufgelisteten Zusammenhänge. Die Darstellungen aller Parametereinflüsse sind im Anhang 3 zu finden.

Tabelle 28: Bewerteter Parametereinfluss aus dem Statistischen Versuchsplan

			Druckverformungsrest		
	Dichte	Härte	72 h / NK	24 h / 70 °C	24 h / 100 °C
TPE-Typ	++	++	++	o	+
Faserart	o	++	++	++	++
Faseranteil	++	++	o	++	+
Additivart	o	o	o	o	o
Aussage schlüssig?	ja	bedingt	fraglich	fraglich	bedingt

5.5.3 Versuchsreihenkennwerte und Identifikation von Beispielen

Aus der Darstellung der Einzelergebnisse aller 25 Versuche über die Qualitätsfaktoren leiten sich die Diagramme der Versuchsreihenkennwerte ab. Diese erlauben unter Berücksichtigung von Tabelle 28 die Identifikation von Versuchen, die beispielhaft für einen erheblichen Einfluss der Eingangswerte auf die Qualität stehen. Zudem beinhaltet die Versuchsreihendarstellung die Streuung der Messwerte. Daraus kann abgelesen werden, ob der Versuch ein gleichmäßiges Ergebnis liefert oder ob die Messwerte innerhalb des Versuchs stark streuen.

Am Beispiel des Druckverformungsrestes für 72 h / NK soll die Identifikation verdeutlicht werden. Dargestellt ist die Höhe des DVR in % mit Messwert-Streuung für alle Versuchscompounds. Die Werte sind nach TPE-Typen von links nach rechts geordnet. Zusätzlich werden die jeweiligen DVR-Werte der Matrixmaterialien ohne Fasern nach Nullcompoundierung durch eine Linie eingetragen. Liegen die Werte der Versuchscompounds nun deutlich unterhalb dieser Linie, erweist sich der Mittelwert als niedriger. Ist zudem die Streuung gering, kann der Versuch als aussichtsreich im Rahmen der Plausibilitätsprüfung angesehen werden. In Abbildung 73 ist zunächst ein Beispiel dargestellt, welches das gewünschte Ziel <u>nicht</u> erreicht. Der Versuchspunkt 03 weist gegenüber der Matrix einen deutlich höheren DVR-Mittelwert auf und streut in seinen Messwerten erheblich.

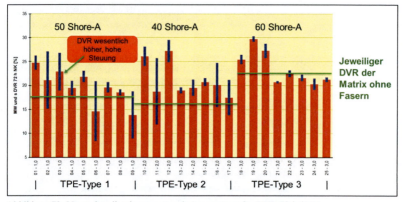

Abbildung 73: Versuchsreihenkennwerte mit Auswertung für DVR 72 h / NK

Die Zugprüfung des Compounds 03 zeigt erhebliche Schwankungen (siehe Abbildung 74). Im Vergleich ist die Zugprüfung der Matrix dargestellt. Das Compound kann nicht verwendet werden.

Darstellung und Diskussion der Ergebnisse

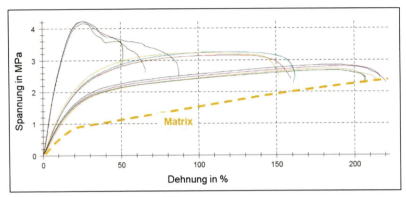

Abbildung 74: Zugprüfung Compound 03

Ein weiteres Beispiel ist die Leistungsfähigkeit, welche der Versuchspunkt 16 erreicht. Der Druckverformungsrest für 24 h / 70 °C ist gegenüber der Matrix leicht niedriger und die Streuung der Messwerte ist gering (siehe Abbildung 75).

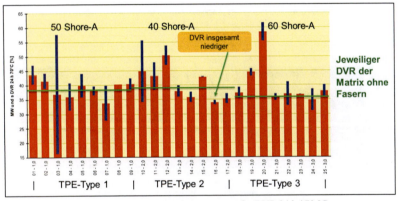

Abbildung 75: Versuchsreihenkennwerte mit Auswertung für DVR 24 h / 70 °C

Die Zugprüfung am Material 16 zeigt ein gleichmäßiges Verhalten (siehe Abbildung 76).

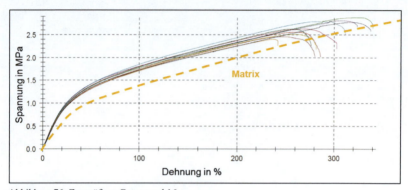

Abbildung 76: Zugprüfung Compound 16

Das dritte Beispiel zeigt die Auswertung des DVR für 24 h bei 100 °C. Hier konnte Versuchspunkt 21 identifiziert werden, bei welchem die gewünschte Änderung des DVR erhalten werden konnte und der gleichzeitig eine geringe Streuung der Messwerte aufweist (siehe Abbildung 77).

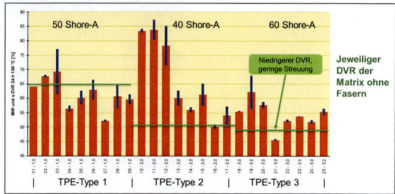

Abbildung 77: Versuchsreihenkennwerte mit Auswertung für DVR 24 h / 100 °C

Das Zug-Dehnungs-Verhalten des Compounds 21 ist über die gemessenen Proben sehr gleichmäßig, was ebenfalls auf ein Materialgemisch hinweist, welches über ein ausgewogenes Profil verfügt und sich im industriellen Einsatz als brauchbar erweisen könnte (siehe Abbildung 78).

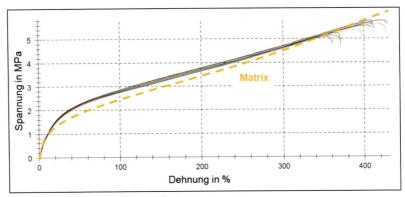

Abbildung 78: Zugprüfung Compound 21

Die Darstellungen aller Versuchsreihenkennwerte sind im Anhang 4 zu finden.

5.5.4 Plausibilitätsprüfung und Einbeziehung weiterer Parameter

Anhand der drei dargestellten Beispiele soll in einer erweiterten Plausibilitätsprüfung beschrieben werden, wie die drei Versuchspunkte als Ergebnisbeispiele des Versuchsplans charakterisiert wurden.

Als Parameter der Bewertung sind Dichte und Härte mit zu berücksichtigen. Diese beiden Kennwerte sollen sich bei Erreichung der niedrigeren DVR möglichst nicht erhöhen.

Zusammen mit den Erkenntnissen aus der Zugprüfung ergibt sich eine beispielhafte Bewertung wie in Tabelle 29 dargestellt.

Tabelle 29: Ergebnisbewertung anhand von drei Beispielen

Versuch Nr.	allgemein werkstofflich				Schlüssigkeit
	DVR	Schwankung	Dichte	Härte	(allgemein)
03	allg. höher	groß	höher	höher	fraglich
16	niedriger	niedrig	leicht höher	leicht höher	fraglich
21	niedriger	niedrig	gleich	gleich	bedingt

Unter Berücksichtigung aller vereinbarten Einflüsse und Qualitätskennzeichen konnte eine Rezeptur identifiziert werden, welche unter bedingter Aussagekraft des verwendeten Statistischen Versuchsplans als aussichtsreich im Sinne der gewünschten Entwicklung zu bewerten ist.

Im Juni 2021 wurden die Ergebnisse den beteiligten Herstellerfirmen thermoplastischer Elastomercompounds zugesandt mit der Bitte um Prüfung einer Industrialisierung. Zum Abschluss des Projektes wurde die vorgeschlagene Rezeptur noch nicht im industriellen Maßstab hergestellt. Als Gründe wurden die allgemeine Auslastung, die wirtschaftliche

Gesamtsituation inkl. der Lieferverzögerungen auf dem internationalen Markt, die Corona-Pandemie und unternehmerische Entscheidungen genannt.

5.5.5 Korrelationen auf die TSSR-Ergebnisse

Die statistische Auswertung wurde ebenfalls für die Ergebnisse der TSSR durchgeführt. Neben dem „T50-Wert" und dem TSSR-Index wurden auch die Kennwerte „T10" und „T90" einbezogen. Allerdings wurden für „T90" und den TSSR-Index Bestimmtheitsmaße kleiner als 15 % berechnet, sodass diese Kennwerte mit den untersuchten Parametern nicht korrelieren. Bei den Kennwerten „T10" und „T50" konnten zwar gültige Zusammenhänge modelliert werden, allerdings mit eingeschränktem Bestimmtheitsmaß (82,7 % bzw. 88,2 %).

Die beobachteten Zusammenhänge sind in Abbildung 79 und Abbildung 80 dargestellt. Alle Parametereinflüsse sind in 30 zusammengefasst. Insgesamt nimmt der TPE-Typ die größte Rolle ein, während Faserart und Faseranteil nur bei „T50" einen Einfluss haben. Bei zunehmendem Faseranteil nimmt die Temperatur „T50" ab, was tendenziell mit einer schnelleren Spannungsrelaxation bei der Prüfung und im Einsatz einhergeht.

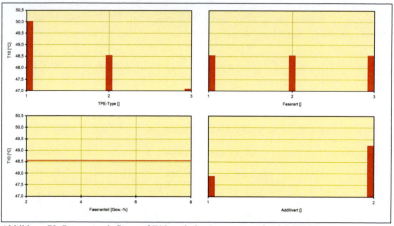

Abbildung 79: Parametereinfluss auf T10 nach der Auswertung durch MESOS

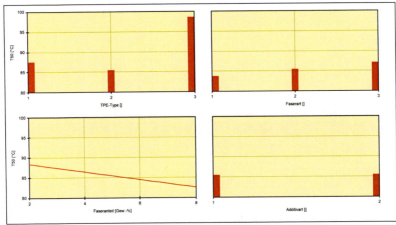

Abbildung 80: Parametereinfluss auf T50 nach der Auswertung durch MESOS

Tabelle 30: Bewerteter Parametereinfluss aus dem Statistischen Versuchsplan für die TSSR

	T10	T50
TPE-Typ	++	++
Faserart	o	+
Faseranteil	o	+
Additivart	+	o
Aussage schlüssig?	bedingt	bedingt

Die Auswirkung der Fasern ist im Vergleich zur Matrix (TPE-Typ) meist nur gering. Allerdings zeigen in Abbildung 81 alle Versuchsreihen mit Fasern eine niedrigere Temperatur „T50" als bei der jeweiligen Matrix ohne Fasern. Diese Beobachtung wird durch die Auftragung des TSSR-Indexes gegenüber der Temperatur „T50" (Abbildung 82) bestätigt. Insgesamt verhalten sich die Versuchsreihen mit Fasern etwas weniger elastisch als die jeweilige Matrix ohne Fasern. Diese Abnahme ist jedoch kleiner als die Unterschiede zwischen Hersteller 1 und Hersteller 2.

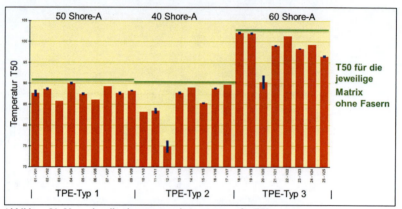

Abbildung 81: Versuchsreihenkennwerte mit Auswertung für T50

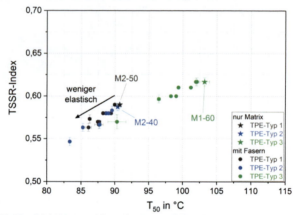

Abbildung 82: Vergleich der Auswirkung der Faser auf die Temperatur T50 und den TSSR-Index

Die leichte Verbesserung des Rückstellverhaltens, welche am DVR-Wert bei 70 °C (Compound 16) und 100 °C (Compound 21) beobachtet wurde, kann durch die Ergebnisse der TSSR somit nicht untermauert werden. Letztere bestätigt nur, dass die Zugabe von Fasern die Langzeit-Eigenschaften und insbesondere die Spannungsrelaxation wenig beeinflusst.

Daher stellt sich die Frage einer Korrelation zwischen der Temperatur „T50" und dem DVR-Wert. Entgegen den Literaturhinweisen in [OLTMANNS2008] konnte im Forschungsvorhaben eine solche Korrelation nicht eindeutig nachgewiesen werden. Abbildung 83 zeigt, dass die Messergebnisse um einen konstanten DVR-Wert streuen (die Trendlinie in Rot ist nahezu horizontal bei einem DVR-Wert von ca. 20). Damit besteht offensichtlich kein Zusammenhang zwischen der Temperatur T50 und dem DVR-Wert bei 23 °C für 72 h. Ein direkter Vergleich zwischen dem DVR-Verhalten für Elastomere und TPE erscheint nicht sinnvoll.

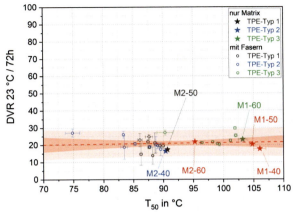

Abbildung 83: Korrelation zwischen der Temperatur T50 und dem DVR (23 °C / 72 h)

Im Hinblick auf den DVR bei höheren Temperaturen zeigen Abbildung 84 (für 70 °C) und Abbildung 85 (für 100 °C), dass zumindest ein Trend erkennbar ist. Die Trendlinie ist nicht mehr horizontal und zeigt eine Abhängigkeit zwischen T50 und DVR-Wert.

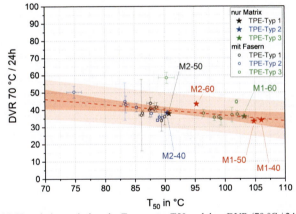

Abbildung 84: Korrelation zwischen der Temperatur T50 und dem DVR (70 °C / 24 h)

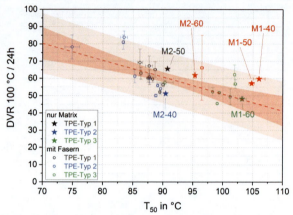

Abbildung 85: Korrelation zwischen der Temperatur T50 und dem DVR (100 °C / 24 h)

Tendenziell korreliert eine höhere Temperatur „T50" mit einem niedrigeren DVR-Wert. Dies stimmt mit den Beobachtungen von REID et al. [REID2004] für unterschiedlichen TPV (siehe Abbildung 86) überein. Es unterstützt auch die Annahme, dass eine hohe Temperatur „T50" in der TSSR mit einem ausgeprägten Elastomer-ähnlichen Verhalten einhergeht, welche sich positiv auf das Rückstellverhalten des Materials auswirkt. Die Steigung der Trendlinie ist hier etwas stärker als in Abbildung 86. Diese Steigung scheint mit zunehmender Temperatur für die DVR-Versuche (70 °C in Abbildung 84, 100 °C in Abbildung 86 und 125 °C in Abbildung 86) anzusteigen. Allerdings lässt die fehlende Bewertung zur Streuung des DVR-Werts keine eindeutige Schlussfolgerung zu.

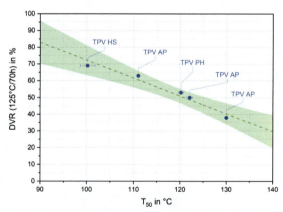

Abbildung 86: Korrelation zwischen der Temperatur T50 und dem DVR (125 °C / 70 h) für unterschiedlichen TPV nach den Daten von REID et al. [REID2004]

Ein vergleichbarer Trend kann auch für den TSSR-Index (Abbildung 87) beobachtet werden. Angesichts der Zusammenhänge zwischen der Temperatur „T50" und dem TSSR-Index, wie bereits in Abbildung 82 dargestellt, überrascht diese Beobachtung nicht. Allerdings sind die Unterschiede zwischen den Werten des TSSR-Indexes eher gering. Da die vom Prüfgerät gelieferte Auflösung auf zwei Komastellen eingeschränkt ist, ist der TSSR-Index zur Korrelation mit dem DVR weniger geeignet.

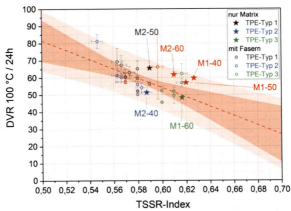

Abbildung 87: Korrelation zwischen dem TSSR-Index und dem DVR (100 °C / 24 h)

Aufgrund der großen Streuung der DVR-Werte ist das Bestimmtheitsmaß für diese Korrelation nur gering, sodass eine quantitative Regression ausgeschlossen ist. Zudem kann es auch ein Hinweis sein, dass neben dem Spannungsrelaxationsverhalten weitere Einflüsse bei dem DVR-Wert eine wichtige Rolle spielen, welche die TSSR Methode (im Gegensatz zum DVR ohne Erholungsphase) ggf. nicht erfassen kann.

Insgesamt fällt auf, dass die Ergebnisse der TSSR (bis auf vereinzelten Compounds) deutlich weniger streuen als die DVR-Werte. Damit erscheint die TSSR tendenziell besser geeignet, um „feine Unterschiede" zwischen den Materialien zu erfassen. Allerdings ist dann der direkte Vergleich mit (ggf. vorhandenen) DVR-Daten nur bedingt möglich. Da trotz der bekannten Einschränkungen die DVR-Methode für die Charakterisierung von TPE in der industriellen Praxis sehr gut etabliert ist, ist die bedingte Vergleichbarkeit nach Meinung der Bearbeiter eine große Hürde zur breiten Anwendung der TSSR-Methode.

Die für die TSSR übliche Darstellung der normierten Kraft über der Temperatur (Abbildung 88) liefert nicht alle Informationen zum Spannungsrelaxationsverhalten.

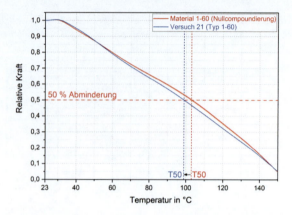

Abbildung 88: Ergebnisse der TSSR beispielhaft für Material 1-60 und Compound 21

Durch die Normierung der Kraft wird nicht berücksichtigt, dass die Zugabe von Fasern einen wesentlichen Anstieg der Steifigkeit bewirkt. Dadurch wirkt bei den Compounds eine deutlich höhere Spannung bei identischer Dehnung bzw. Stauchung als in der reinen Matrix (Abbildung 89). Auch wenn die relative Temperatur „T50" etwas abnimmt, zeigt der Vergleich bei identischer Spannung ein anderes Bild: Die faserverstärkten Compounds erreichen diese Spannung erst bei höheren Temperaturen. Damit dauert die Spannungsrelaxation bis zu diesem Punkt deutlich länger. Dies wird zum Beispiel relevant, wenn die Compounds in Dichtungsanwendungen eingesetzt werden, bei welchen ein definierter Mindestanpressdruck eingehalten werden muss.

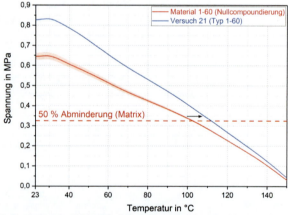

Abbildung 89: Ergebnisse der TSSR beispielhaft für Material 1-60 und Compound 21

Dies kann verdeutlicht werden, wenn die isotherme Spannungsrelaxation (erste Phase, vor der Temperaturrampe) ausgewertet wird, wie zum Beispiel für Compound 21 in Abbildung 90 dargestellt. Die beiden Relaxationskurven verlaufen in dem Zeitraum eines

DVR-Versuchs (72 h) nahezu parallel, was belegt, dass das Relaxationsverhalten des Compounds maßgeblich durch die Matrix bestimmt wird und durch die Zugabe der Fasern kaum beeinflusst wird. Somit bleiben nur die Unterschiede hinsichtlich der absoluten Spannung, welche direkt aus dem Einfluss der Fasern auf die Kurzzeiteigenschaften zurückzuführen sind.

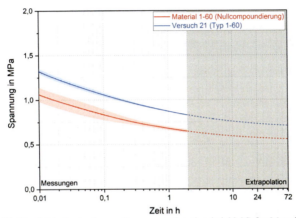

Abbildung 90: Vergleich der isotherme Spannungsrelaxation bei 23 °C für Material 1-60 und Compound 21

Zusammenfassend ist die TSSR-Methode gut geeignet, um Unterschiede zwischen Materialien hinsichtlich der Spannungsrelaxation zu ermitteln, auch wenn diese nur gering sind. Diese Unterschiede korrelieren zwar qualitativ mit dem DVR-Wert (24h bei 100 °C). Allerdings lässt die starke Streuung der DVR-Ergebnisse keine quantitative Regression zu. Insgesamt sind die zwischen den Compounds (mit und ohne Fasern) festgestellten Unterschiede eher gering, sodass die Zugabe von Fasern die Langzeit-Eigenschaften der Compounds nicht maßgeblich verschlechtern oder verbessern. Die wesentlichen Einflüsse zeigen sich auf der Ebene des kurzzeitigen Spannungs-Dehnungs-Verhaltens (Steifigkeit), der Härte und der Dichte.

Zur Bewertung dieser Beobachtungen sei jedoch auch auf den zweifellos vorhandenen Einfluss der Faserorientierung, also der Entnahmerichtung des Probekörpers, verwiesen (Tabelle 22, Abbildung 69)

6 Fazit

Ziel dieses Projektes war, das elastische Rückstell- und Wärmeverhalten von TPS zu erhöhen und das Grundverständnis für Wirkungen und Anwendung dieser Werkstoffklasse darzustellen.

Der Weg dafür bestand in der Modifizierung der TPE mit einem geringen Anteil an kurzen Fasern: Vom Werkstoff Gummi waren aus der Literatur und aus eigenen Aktivitäten die mechanisch tragenden Effekte von Fasern im Elastomer bekannt.

Die Vielzahl der Versuche mit einer Bandbreite an TPS und einem ganzen Spektrum an Fasern zeigten:
- Mit einigen der ausgewählten Kurzschnitte, insbesondere den RFL-modifizierten Polyester- und Rayontypen, ist eine direkte Compoundierung des Textils in das Elastomer möglich, während andere Fasern hier Schwierigkeiten bereiten.
- Die Prozesse, die zu homogener Faserverteilung in das TPS führen, basieren auf Fasergranulaten,
  - hergestellt über die Ummantelung von Garn mit TPS und anschließendem Schnitt zu Granulat, oder
  - aus gesonderten Verfahren (insbesondere Langfasergranulat);

  über diese Wege erzielt man geringe Schwankungsbreiten der werkstofflichen Parameter.
- Mit steigender Fasermenge nehmen
  - die Spannung bei niedriger Dehnung und die Härte kontinuierlich zu; bei einer noch gut handhabbaren Konzentration von 5 % Fasern steigt die Spannung um 200…300 % und die Härte um 15…20 Shore A.
  - die Zugfestigkeit und die Dehnung bei Zugfestigkeit in einer Größenordnung von 30…40 % ab.
- Die (ausgewählten) Fasern unterscheiden sich qualitativ in ihrem Effekt, in jedem Fall nimmt aber mit steigender Länge die Verstärkung zu. Dies fällt vor allem bei geringen Faserlängen auf – geht man von 1 mm auf 2 mm Faserlänge, so wächst die Spannung bei niedrigen Dehnungen um etwa 50 %.
- Die fasergefüllten TPE behalten ihre dynamische Beständigkeit. Erst wenn man Menge und/oder Länge der Fasern über ein bestimmtes Maß erhöht (etwa oberhalb von 7 %), muss man beginnend mit Abstrichen rechnen.
- Bei höherer Temperatur fällt zwar die Steifheit des TPS auch bei Faserverstärkung ab, das Niveau verbleibt dennoch deutlich über dem des reinen Elastomers.
- Der Druckverformungsrest hängt mit der Ausrichtung der Fasern zusammen – belastet man in Faserrichtung, quasi „auf die Fasern", beobachtet man ein niedrigeres Niveau, senkrecht zur Faserrichtung dagegen erhöhte Werte.

Damit finden sich bei TPS durch die Faserfüllung die gleichen Korrelationen wie bei fasergefülltem Gummi [NECHWATAL2008], [NECHWATAL2014], [NECHWATAL20140], [NECHWATAL2006], [NECHWATAL2009], [NECHWATAL2005], [NECHWATAL2010-1], [NECHWATAL2012]).

Natürlich sind die Elastomere „TPE" und „Gummi" aus verschiedenen Gründen nicht unmittelbar vergleichbar, und ohnehin in ihrer jeweiligen Klasse bereits stark differenziert. Dennoch entsteht der Eindruck, dass der Verstärkungseffekt der Fasern im Gummi höher auszufallen scheint als im TPS.

Gründe dafür könnten sein:
- Die Fasern sind in Gummi besser verhaftet als in TPS.

Dies hängt vom konkreten System ab. Bedenkt man jedoch, dass die Haftsysteme der etablierten Gummi-Verstärkungsmaterialien eben für den jeweiligen Kautschuktyp entwickelt wurden, dann ist durchaus mit solchen Einflüssen zu rechnen.

- Die Fasern sind im Gummi länger als im TPS.

Der Integration der Kurzschnitte in das TPS liegen immer Extrusions- und Spritzgießprozesse zugrunde – Verfahren, die zu einer starken Faserverkürzung führen. Vergleicht man mit fasergefülltem Gummi, der (etwa bei den eigenen früheren Arbeiten) in Innenmischer und Walzwerk aufbereitet wurde, dann hat man hier hinsichtlich Faserschädigung günstiger Verhältnisse und letztlich längere Fasern.

- Die Fasern sind im Gummi besser ausgerichtet.

Dies könnte der wesentlichste Grund sein: Die Verarbeitung von Gummimischungen auf dem Walzwerk, bzw. Kalander führt zu einer räumlichen Orientierung des Kurzschnitts, der bei Extrusion oder Spritzguss nie erzielt werden kann.

Vergleichbar werden (faserverstärkte) Gummi- und TPS-Produkte also nur dann, wenn ihnen ähnliche Prozesse zugrunde liegen.

7 Literaturverzeichnis

[ABDELMOULEH2007] M.Abdelmouleh et. al.: „Short natural-fibre reinforced polyethylene and natural rubber composites: Effect of silane coupling agents and fibres loading", Composites Science and Technology, Volume 67, Issues 7–8, June 2007, Pages 1627-1639

[AMASH2001] A. Amash, R. H. Schuster, T. Früh "Effects of Compatibility in Rubber/Polypropylene Blends", Kautschuk Gummi Kunststoffe 2001, 54, 315-322

[AMASH2001-1] A. Amash, M. Bogun, R. H. Schuster, U. Görl, M. Schmitt "New Concepts for the Continuous Mixing of Powder Rubber", Plastics, Rubber and Composites 2001, 30, 401-408

[ANUAR2013] H. Anuar, A. Zuraida: „Improvement in mechanical properties of reinforced thermoplastic elastomer composite with kenaf bast fibre", in Composites Part B: Engineering, Volume 42, Issue 3, April 2011, Pages 462-465

[ARAKI1998] Takumi Araki, James L. White: "Shear Viscosity of Rubber Modified Thermoplastics: Dynamically Vulcanized Termoplastic Elastomers and ABS Resins at Very Low Stress", in Polymer Engineering and Sciente, April 1998, Vol. 38, No. 4, Page 590 ff

[ARRUDA1993] Ellen M. Arruda, Mary C. Boyce: "A three-dimensional constitutive model for the large stretch behavior of rubber elastic materials", Journal of the Mechanics and Physics of Solids, Elsevier, 1993, 41 (2), pp.389-412.

[BARUFFI2016] Baruffi, Federico; Calaon, Matteo; Tosello, Guido: „On the performance of micro injection moulding process simulations of TPE micro rings", Abstract from euspen Special Interest Group Meeting: Micro/Nano Manufacturing, Glasgow, United Kingdom.

[BLOBNER2016] U. Blobner, B. Richter "Unverzichtbare Gummiprüfungen gestern und heute", Vortrag auf der 19. Internationalen Dichtungstagung (19th ISC) am 12. Oktober 2016 in Stuttgart, www.o-ring-prueflabor.de, Stand 2016

[BRENNER2007] Peter-Frederick Brenner „Steigerung der Leistungsfähigkeit der Stastistischen Versuchsplanung durch die Gestaltung anwendungsspezifischer Informationssysteme nach einem Referenzmodell", Dissertation an der Technischen Fakultät der Universität Erlangen-Nürnberg, 2007

[BUSCHHAUS1989]   F. Buschhaus „Themoplastische Elastomere und/oder Gummi?", Kautschuk Gummi Kunststoffe 1989, 42(3), 228-230

[CHANTARATCHAROEN 1999]   A. Chantaratcharoen et. al. „Improvement of interfacial adhesion of poly(m-phenylene isophthalamide) short fiber-thermoplastic elastomer (SEBS) composites by N-alkylation on fiber surface", Journal of Applied Polymer Science, Volume 74, Issue 10, 1999, Pages 2414-2422

[DATTA2005]   R. Datta "Verbesserung der Cut--Chip--Chunk-Beständigkeit von Lkw-Reifen durch Einsatz von para-Amid-Kurzfasern" GAK Gummi, Fasern, Kunststoffe 2005, 58(2), 109-114

[DATTA2009]   R. Datta, B. Pierik, M. van de Made, N. Huntink "Verbesserung der Hysteresis von Pkw-Reifen durch chemisch aktivierte Aramidfasern" GAK Gummi, Fasern, Kunststoffe 2009, 62(9), 560-563

[ELLIS2019]   Patrick Ellis: "The current and future market for thermoplastic elastomers in medical and healthcare applications", in TPE-Magazine 3/2019, Seite 166 ff

[FÖLSTER1995]   T. Fölster, W. Michaeli „Flachs- eine nachwachsende Verstärkungsfaser für Kunststoffe" Textilveredlung, 1995, 30(1/2) 2-8

[FREMUTH2013]   K. Fremuth: „Anisotherme Spannungsrelaxationsprüfung mit dem TSSR-Meter",GAK Gummi Fasern Kunststoffe 2013, 66(5), 294-295

[FRITZ1999]   H.G. Fritz, Q. Cai, U. Bölz „Zweiphasige thermoplastischer Elastomere" Kautschuk Gummi Kunststoffe 1999, 52(4), 272-281

[GANSTER2006]   Ganster, J., Fink, H.: „Novel cellulose fibre reinforced thermoplastic materials.", Cellulose 13, 271–280 (2006). https://doi.org/10.1007/s10570-005-9045-9

[GATTINGER2018]   J. Gattinger: „Modifikation des mechanischen Verhaltens von Elastomeren durch Verstärkung mit gekrümmten Fasern im Spritzgießen und der Extrusion", Dissertation an der Fakultät für Maschinenwesen der Technischen Universität München, 2018

[GEETHAMMA2005]   V.G.Geethamma et. al.: „Dynamic mechanical behavior of short coir fiber reinforced natural rubber composites", Composites Part A: Applied Science and Manufacturing, Volume 36, Issue 11, November 2005, Pages 1499-1506

[GOETTLER1983]   L. A. Goettler, K. S. Shen "Short fiber reinforced elastomers" (1983) Rubber Chemistry and Technology 1983. 56(3), 619-638

[GORDON1999]   J.J. Gordon, M.A. Lemieux „Thermoplastische Elastomere für den Einsatz im Automobilbau - Vergangenheit, Gegenwart und Zukunft", GAK Gummi Fasern Kunststoffe 1999, 52(3), 190-193

[GRADY2013]   Brian P. Grady, ... Christopher G. Robertson: "Thermoplastic Elastomers" in The Science and Technology of Rubber (Fourth Edition), 2013

[GRELLMANN2015]   Wolfgang Grellmann, Sabine Seidler „Kunststoffprüfung", HANSER-Verlag 2015, ISBN: 978-3-446-44350-1
[HOFFMANN2011]   J. Hoffmann: „Charakterisierung faserverstärkter Elastomere für formvariable Strukturflächen", Dissertation an der Fakultät für Maschinenwesen der Technischen Universität München, 2011
[KAHRAMAN2010]   H.Kahraman, G.W.Weinhold, E.Haberstroh, M. Itskov: „Anisotroper Mullins-Effekt bei rußgefüllten Elastomeren Experimentelle und phänomenologische Beschreibung", in KGK Rubberpoint, März 2010, S. 64
[KAUP2003]   M. Kaup, M. Karus, S. Ortmann „Naturfasereinsatz in Verbundwerkstoffen für die Automobilindustrie" Textilveredlung 2003, 38(3/4), 5–12
[KGK2014]   „Definition von Mullins und Payne Effekt – Wie elastisch ist Gummi?", aus https://www.kgk-rubberpoint.de/9465/wie-elastisch-ist-gummi/, abgerufen am 02.10.2019
[KOSCHMIEDER2000]   M. Koschmieder: "Verarbeitung und Eigenschaften von Faserverbundkunststoffen mit Elastomermatrix", Dissertation an der Fakultät für Maschinenwesen der Rheinisch-Westfälischen Technischen Hochschule Aachen, 2000
[KRAIBON2019]   https://www.kraiburg-rubber-compounds.com/kraibon/, abgerufen am 02.10.2019
[KRAIBURG2018]   „KRAIBURG TPE führt richtungsweisende TEH-Compounds ein", Pressemitteilung Waldkraiburg, Oktober 2018
[KUMAR2016]   N. Kumar, V.V. Rao: "Hyperelastic Mooney-Rivlin Model: Determination and Physical Interpretation of Material Constants", MIT International Journal of Mechanical Engineering, Vol. 6, No. 1, January 2016, pp. 43-46, ISSN 2230-7680 © MIT Publications
[LUTHER2005]   S. Luther, C. Gherasim, M. Blume, R. H. Schuster „Prozessvariationen zur Herstellung von dynamisch vulkanisierten thermoplastischen Elastomeren" GAK Gummi Fasern Kunststoffe 2005, 58, 243-247
[MARCKMANN2006]   Gilles Marckmann, Erwan Verron. „Comparison of hyperelastic models for rubber-like materials", Rubber Chemistry and Technology, American Chemical Society, 2006, 79 (5), pp.835-858.
[METTEN2002]   Martin Metten: "Veränderung der Verbundfestigkeit von Hart/Weich-Verbunden und die mechanischen Eigenschaften von thermoplastischen Elastomeren durch eine Elektronenbestrahlung", Dissertation an der Technischen Universität Darmstadt, 2002
[MEYER1932]   Meyer, K.H, Von Susich, G. and Valko, E.: "The elastic properties of organic high polymers and their kinetic explanation", in Kolloidzeitschrift, 59, 208, 1932

[MIECK1996]	K.-P. Mieck, R. Lützkendorf, T. Reussmann "Needle-Punched hybrid nonwovens of flax and pp fibers - textile semiproducts for manufacturing of fiber composites" Polymer Composites 1996, 17, 873-878
[MIECK2007]	K.P. Mieck, T. Reußmann, A. Nechwatal „Natural and Man-Made Cellulosic Fiber-Reinforced Composites", in: ed. S. Fakirov, D. Bhattacharyya "Handbook of Engineering Biopolymers – Homopolymers, Blends and Composites" S. 237–309, Hanser Publishers Munich 2007
[MIECK2007-1]	K.P. Mieck, R. Luetzkendorf, A. Nechwatal „Processing of Natural and Man-Made Cellulosic Fiber-Reinforced Composites" in: ed. S. Fakirov, D. Bhattacharyya "Handbook of Engineering Biopolymers – Homopolymers, Blends and Composites" S. 266–284, Hanser Publishers Munich 2007
[MIEDZI2019]	Justyna Miedzianowska, Marcin Masłowski, Krzysztof Strzelec: "Thermoplastic Elastomer Biocomposites Filled with Cereal Straw Fibers Obtained with Different Processing Methods—Preparation and Properties", Polymers 2019, 11, 641; doi:10.3390/polym11040641
[MOONEY1940]	Mooney, J.: "Finite Strain Constitutive Relation for Rubber", Journal of Applied Physics, 11, 1940
[MURTY1982]	V. M. Murty, S. K. De "Effect of particulate fillers on short jute fiber-reinforced natural rubber composites" Journal of Applied Polymer Science 1982, 27(12), 4611-4622
[NAGL2014]	N. Nagl: „Komplexe Kontakt- und Materialmodellierung am Beispiel einer Dichtungssimulation", CADFEM GmbH Grafing, 2014, in https://monarch.qucosa.de/api/qucosa%3A20042/attachment/ATT-0/, abgerufen am 02.10.2019
[NANDO1996]	G. B. Nando and B. R. Gupta: "Short fibre-thermoplastic elastomer composites" in Short fibre-polymer composites, Woodhead Publishing, Cambridge, 1996
[NECHWATAL 2014]	A. Nechwatal „Untersuchungen zur Herstellung von funktionalisierten, direkt beheizbaren Elastomeren" Abschlussbericht Projekt KF2099113SU1, TITK 2014
[NECHWATAL2005]	A. Nechwatal, C. Hauspurg, M. Gladitz „The Effect of Different Cellulose Fibres in Rubber", 3rd International Conference on Eco-Composites (EcoComp 2005) Royal Institute of Technology, Stockholm
[NECHWATAL2006]	A. Nechwatal, C. Hauspurg, T. Reußmann „Cellulosefasern in Gummi – Potential und Probleme",

[NECHWATAL2008] 6th Global Wood and Natural Fibre Composites Symposium 2006, Kassel
A. Nechwatal, C. Hauspurg, D. Fiedler, S. Fiedler „Anisotrope Druckverformung von Elastomerprodukten durch Kurzfasern" Technische Textilien 2008, 51, 74-76; „Anisotropic compression set of elastomer products by short fibers" Technical Textiles 2/2008, E73-E74

[NECHWATAL2009] A. Nechwatal, C. Hauspurg, G. Ortlepp „Leitfähige Kurzfasern in Elastomerwerkstoffen" Technische Textilien 2009, 52, 14-16; „Conductive short fibers in elastomer materials" Technical Textiles 2/2008, E12-E14

[NECHWATAL2010] A. Nechwatal, T. Reußmann, C. Hauspurg, H.J. Graf „Cellulose short fibers in elastomers" Chemical Fibers International 2010, 60(1),35-37; Technical Textiles 2010/3,E76-E78; Man-Made Fiber Year Book 10/2010, 54-56

[NECHWATAL2010-1] A. Nechwatal, T. Reußmann, C. Hauspurg, H.J. Graf „Erschließung des Verstärkungspotentials von Naturfasern für Gummi und TPE" Vortrag 8. Internationalen Symposiums „Werkstoffe aus Nachwachsenden Rohstoffen" (naro.tech) Erfurt 2010

[NECHWATAL2012] H. Bartels, A. Nechwatal „Nachwachsende Rohstoffe in Elastomeren" 9. Internationales Symposium „Werkstoffe aus nachwachsenden Rohstoffen" (naro.tech), Erfurt 2012

[NECHWATAL2016] A. Nechwatal „Materialentwicklungen von elektrisch beheizbaren TPE-Produkten" Abschlußbericht Projekt KF 2099128EB4, TITK 2016

[OLTMANNS2008] A. Oltmanns, N. Vennemann, J. Mitzler: „Dem Gummi auf der Spur", Kunststoffe 2008 (3), 38-42.

[POZDZAL1999] R. Pozdzal, Z. Rolaniec: "Rheological Properties of Multiblock Ether-Ester Copolymers", in KGK Kautschuk Gummi Kunststoffe, 52. Jahrgang, Nr. 10/99, Seite 656 ff

[RAJAK2019] D. K. Rajak et. al. "Fiber-Reinforced Polymer Composites: Manufacturing, Properties, and Applications", MDPI Polymers, 2019

[REID2004] C.G. Reid, K.G. Cai, H. Tran, N. Vennemann: „Polyolefin TPV for automotive interior applications", Kautschuk und Gummi Kunststoffe 2004, 57(5), 227-234.

[REINCKE2009] Katrin Reincke et. al. „Influence of Process Oils on the Mechanical Properties of Elastomers", in KGK, Oktober 2009, Seite 506 ff.

[RENAUD2009] Christine Renaud, Jean-Michel Cros, Zhi-Qiang Feng, Bintang Yang: "The Yeoh model applied to the modeling of large deformation contact/impact

	problems", International Journal of Impact Engineering, Elsevier, 2009, 36 (5), pp.659.
[REUSSMANN2003]	T. Reußmann „Entwicklung eines Verfahrens zur Herstellung von Langfasergranulat mit Naturfaserverstärkung", Dissertation TU Chemnitz 2002
[REUSSMANN2009]	T. Reußmann "Hochleistungs-Elastomere auf Basis von aramidkurzfaserverstärktem Silikonkautschuk", Technomer 2009 - Elastomertechnik ETV 3
[RÖSLER2008]	J. Rösler et. al. „Mechanisches Verhalten der Werkstoffe", Vieweg+Teubner Verlag, GWV Fachverlage GmbH, Wiesbaden 2008, 978-3-8351-0240-8
[SAIKRASUN1999]	S. Saikrasun et. al. „Kevlar reinforcement of polyolefin-based thermoplastic elastomer", Polymer Volume 40, Issue 23, November 1999, Pages 6437-6442
[SCHERMERHORN2004]	W. Schermerhorn: "Moulding Simulation for the Thermoplastic Elastomers", in TPE 2004, The Seventh International Conference on Thermoplastic Elastomers, Brussels, 2004
[SCHIEFERDECKER2005]	H. G. Schieferdecker: „Bestimmung mechanischer Eigenschaften von Polymeren mittels Rasterkraftmikroskopie", Dissertation an der Universität Ulm, 2005
[SCHULTE2004]	K. Schulte: „Schlussbericht zum Förderprojekt Produktintegrierter Umweltschutz in der Kunststoff- und Kautschukindustrie mit dem Thema „Auslegung eines profilierten endlosen gewirkverstärkten Verbundes aus thermoplastischen Elastomeren", Technische Universität Hamburg-Harburg, 2004
[SENGERS2005]	W. G. F. Sengers: "Rheological properties of olefinic thermoplastic elastomer blends", Dissertation an der Technischen Universität Delft, Niederlande, 2005
[SETUA1984]	D.K. Setua "Tear and tensile properties of short silk fibre reinforced styrene-butadiene rubber composites" Kautschuk und Gummi Kunststoffe 1984, 37(11)962-965
[SHONAIKE1997]	G.O. Shonaike, T. Matsuo: "Experimental Analysis of Relation between Shear Coupling Element and Bias Angle of Carbon Fiber Reinforces Polyether-Polyester Elastomer Composites", Kyoto Institute of Technology, in Journal of Reinforces Plastics and Composites, Vol. 16, No. 3, 1997
[THIEL2016]	C. Thiel: „Neue Matrix-Ungleichungen und Anwendungen auf konstitutive Beziehungen in der nichtlinearen Elastizitätstheorie", Dissertation an der Universität Duisburg-Essen, 2016
[TIGGERMANN2013]	H. Tiggermann et. al.: „Use of wollastonite in a thermoplastic elastomer composition", Polymer Testing, Volume 32, Issue 8, December 2013, Pages 1373-1378

[TIMMEL2004] M. Timmel: "Modellierung gummiartiger Materialien bei dynamischer Beanspruchung", in LS-DYNA Anwenderforum, Bamberg 2004

[VENNEMANN2003] N. Vennemann, „Praxisgerechte Prüfung von TPE", KGK Kautschuk Gummi Kunststoffe, Jg. 56, Nr. 5, S. 242–249, 2003.

[VENNEMANN2012] N. Vennemann: "Characterization of Thermoplastic Elastomers by Means of Temperature Scanning Stress Relaxation Measurements", INTECH Open Science, https://www.semanticscholar.org/paper/Characterization-of-Thermoplastic-Elastomers-by-of-Norbert/, 07-10-2019

[WANG2018] Maw-Ling Wang et. al: "Molding Simulation: Theory and Practice", Hanser-Verlag, ISBN: 978-1-56990-619-4, 2018

[WARD-SWEENEY2013] I.M. Ward, J. Sweeney: „Mechanical Properties Of Solid Polymers", Wiley-Verlag 2013, ISBN: 9781444319507

[ZYSK1992] A. Zysk; "Zum statischen und dynamischen Werkstoffverhalten von thermoplastischen Elastomeren", Dissertation am Lehrstuhl für Kunststofftechnik der Universität Erlangen-Nürnberg, 1992

8 Anhang

Anhang 1: Spritzgießparameter der Platte 100 x 100 x 2 mm am SKZ

Prüfkörperherstellung

Auftrag: FV 661 Bosse
Probekörper: Platte 100x100x2
Material: fasermodifizierte TPE - S
Maschine/Schnecken Ø:
Bearbeiter: Cicero
Seite 1 / 2
Das Kunststoff-Zentrum SKZ

				Datum:	15.07.2020	15.07.2020	15.07.2020	15.07.2020	15.07.2020
				Versuchsreihe:	001 (26.05.2020)	002 (26.05.2020)	003 (27.05.2020)	004 (27.05.2020)	006 (19.06.2020)	007 (19.06.2020)
				Probenanzahl:	30	30	30	30	30	30
Geschw.	Umfangsgeschwindigkeit	v_u	(mm/s)		350	350	350	350	350	350
	Schneckenvorlaufgeschwindigkeit	v_v	(cm³/s)		50	50	50	50	50	50
Wege	Umschaltpunkt auf p_N	U_p	(cm³)		6,0	6,0	6,0	6,0	6,0	6,0
	Dosierweg	S_D	(cm³)		35+5	35+5	35+5	35+5	35+5	35+5
	Massepolster	S_M	(cm³)		4,59	3,74	4,38	4,52	4,66	4,66
Zeiten	Zykluszeit	t_Z	(s)		28,2	28,2	28,2	28,2	29,1	29,2
	Einspritzzeit	t_E	(s)		0,91	0,91	0,91	0,91	0,91	0,91
	Nachdruckzeit	t_N	(s)		5	5	5	5	5	5
	Restkühlzeit	t_K	(s)		15	15	15	15	15	15
	Dosierzeit	t_D	(s)		4,6	4,2	5,3	4,9	4,8	5,1
	Pausenzeit	t_P	(s)		-	-	-	-	-	-
Drücke	Einspritzdruck	p_E	(bar)		400	375	380	400	420	465
	Nachdruck	p_N	(bar)		200	200	200	200	200	200
	Staudruck	p_{St}	(bar)		50	50	50	50	50	50
Temperaturen	Einzugszone	T_{Einz}	(°C)		60	60	60	60	60	60
	Zylindertemperatur 3	T_{Z3}	(°C)		185	185	185	185	185	185
	Zylindertemperatur 2	T_{Z2}	(°C)		190	190	190	190	190	190
	Zylindertemperatur 1	T_{Z1}	(°C)		195	195	195	195	195	195
	Düsentemperatur	$T_{Dü}$	(°C)		200	200	200	200	200	200
	Heißkanal	T_{HK}	(°C)		205	205	205	205	205	205
	Temperiergerät Düsenseite soll	T_{Dsoll}	(°C)		25	25	25	25	25	25
	Temperiergerät Düsenseite ist	T_{Dist}	(°C)		25	25	25	25	25	25
	Temperiergerät Auswerferseite soll	T_{Asoll}	(°C)		25	25	25	25	25	25
	Temperiergerät Auswerferseite ist	T_{Aist}	(°C)		25	25	25	25	25	25
Kraft	Schließkraft	F_Z	(kN)		500	500	500	500	500	500
Gewicht	Schußgewicht	m_S	(g)		23,39	23,38	23,36	23,41	23,5	23,64
Trocknung	Trockenzeit	Tr_{Zeit}	(h)		2	2	2	2	2	2
	Trockentemperatur	$Tr_{Temp.}$	(°C)		60	60	60	60	60	60
	Materialfeuchtigkeit bei Verarbeitung	-	(%)		0,060	0,06	0,07	0,041	0,068	0,077
Bemerkungen:										

Anhang 2: Bestimmtheitsmaße

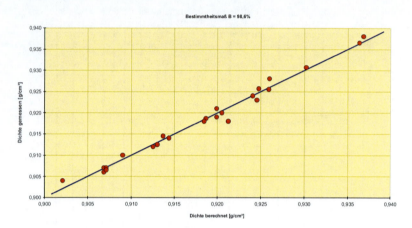

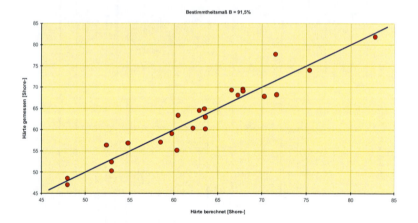

Anhang

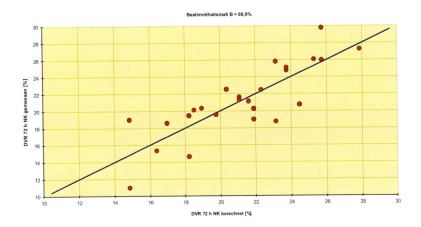

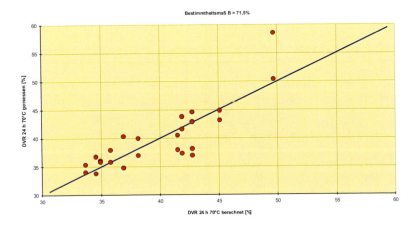

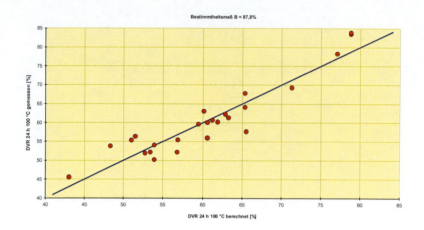

Anhang 3: Parametereinflüsse

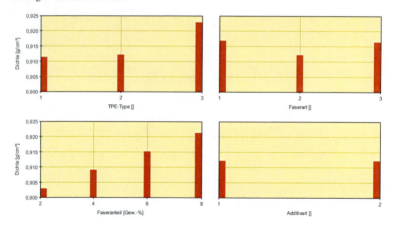

Anhang

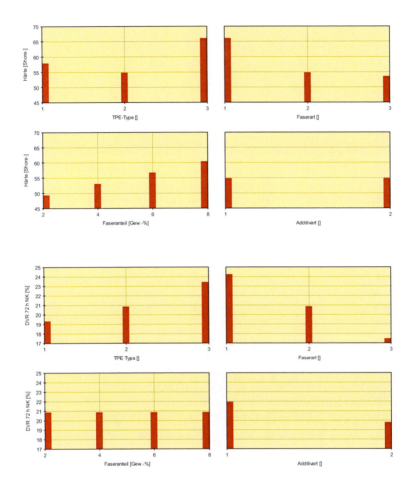

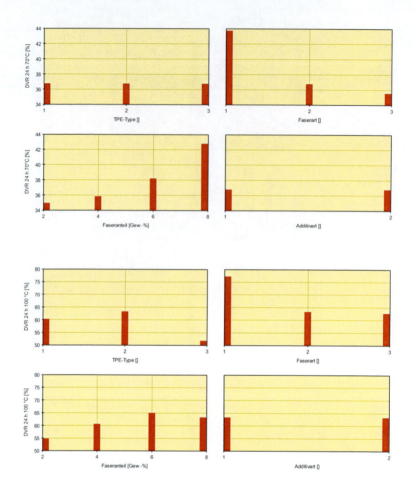

Anhang 117

Anhang 4: Versuchsreihenkennwerte

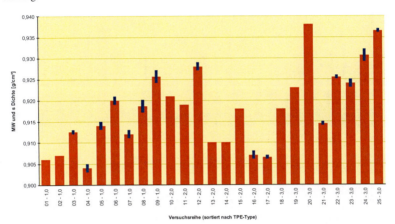

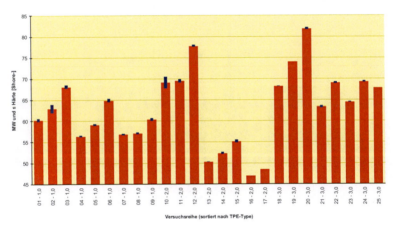

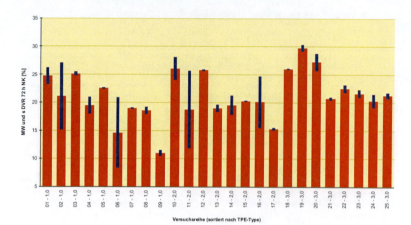

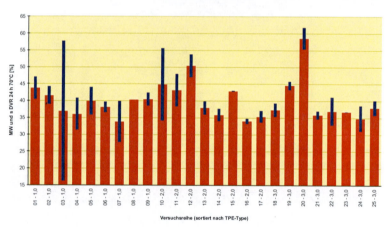

Anhang

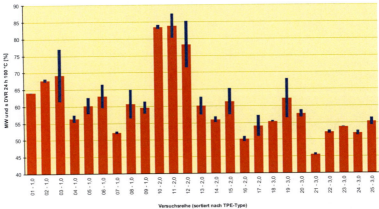

9 Stichwortverzeichnis

Additive 11
Anforderungen 5
Aspektverhältnis 14
Autoreifen 15
Bestimmtheitsmaße 93
Biegewechsellasten 16
Blends 7
Blockcopolymer 11
Bruchdehnung 6
Copolymere 7
Cordenka 19
Dauereinsatztemperatur 6, 8
Dauergebrauchstemperatur 33
Dichtungstechnik 5
Dip-Cord 37
DoE 31
Dosierung 35, 41, 51, 74, 75
Druckverformungsrest 5, 3, 5, 8, 11, 16, 25, 27, 33, 53, 61, 65, 85, 88, 91, 93, 95, 97, 108
DTMA 62, 63
DVR *Druckverformungsrest(-test)*
Einsatzbereich 6
Elastische Thermoplaste 7
Elastomere 5
Endlosfasern 13
Entropie-Effekt 22
Ergebnistransfer 38
Faserausrichtung 16, 47, 48
Faserlänge 14
Faserverteilung 30, 35, 49, 54, 71, 82, 108
Füllsimulation 47
Gewichtsprozent 12
Glührückstand 13
Gummi 27
gummielastisch 20
Haftvermittler 36, 58, 61
Hookesches Gesetz 21
Hyperelastizität 21
Klopfdichte 13
Knicktest 65
Kräuselgrad 16
Kräuselradius 16
Kriechneigung 5

Kurzfasern 13
Langfasergranulat 78
Langfasern 13
Lastzyklen 24
Maleinsäureanhydrid 20
Materialgruppe 6
Materialmodell 22
Medizintechnik 15
Mehrschichtverbunde 15
MESOS 30, 37, 92, 94, 95, 100, 101
Mullins-Effekt 16
Naturfaser 19
Naturkautschuk 19, 20
Nullcompoundierung 35, 40, 41, 42, 46, 96
Parametereinfluss 95
phr 12
Plausibilitätsprüfung 99
Polybutadien 10
Polyethylenbutylen 10
Polymerketten 22
Prozessoptimierung 31
Prüfvorschriften 42
Rezeptur 12
Rückstellverhalten 6
Scherung 20, 25, 40, 47, 48
Schüttdichte 13
Spannungserweichung 24
Spannungsrelaxation 25, 26, 44, 45
Stabilisierung 11
Statistische Versuchsplanung 30, 37
Statistischer Versuchsplan 91
TPE *Thermoplastische Elastomere*
TPZ 8
Triblockcopolymere 10
TSSR 26, 27, 33, 34, 37, 44, 45, 46, 47, 91, 100
TSSR-Index 26
Ummantelung 70, 71, 78, 108
Verbundwerkstoffe 15
Volumenanteile 12
Witterungsbeständigkeit 10
Wollastonite 15
Zeitabhängigkeit 25
Zweistoffgemisch 13